Japanese
Home Design

做自己的建築師　006

圖解 和風自然設計宅

自建、宜居、共享、小住宅的Smart Life實現

作　　　者	甄健恆
企劃選書	徐藍萍
責任編輯	賴曉玲
版　　　權	葉立芳、翁靜如
行銷業務	林秀津、何學文
副總編輯	徐藍萍
總 經 理	彭之琬
發 行 人	何飛鵬
法律顧問	台英國際商務法律事務所 羅明通律師
出　　　版	商周出版
	台北市中山區104民生東路二段141號9樓
	電話：(02) 2500-7008　傳真：(02)2500-7759
	E-mail：bwp.service@cite.com.tw
發　　　行	英屬蓋曼群島商家庭傳媒股份有限公司城邦分公司
	台北市中山區104民生東路二段141號2樓
	書虫客服服務專線：02-25007718 · 02-25007719
	24小時傳真服務：02-25001990 · 02-25001991
	服務時間：週一至週五09:30-12:00 · 13:30-17:00
	郵撥帳號：19863813　戶名：書虫股份有限公司
	讀者服務信箱：service@readingclub.com.tw
	城邦讀書花園：www.cite.com.tw
香港發行所	城邦（香港）出版集團有限公司
	香港灣仔駱克道193號東超商業中心1樓 / E-mail：hkcite@biznetvigator.com
	電話：(852) 25086231　傳真：(852) 25789337
馬新發行所	城邦(馬新)出版集團
	Cité (M) Sdn. Bhd. (458372 U)
	11, Jalan 30D/146, Desa Tasik, Sungai Besi, 57000 Kuala Lumpur, Malaysia
	電話：(603) 90563833　傳真：(603) 90562833

封面 / 版面設計	張福海
印　　　刷	卡樂製版印刷事業有限公司
總 經 銷	高見文化行銷股份有限公司
地　　　址	新北市樹林區佳園路二段70-1號
	電話：(02)2668-9005　傳真：(02)2668-9790　客服專線：0800-055-365

■2013年1月3日初版　　　　　　　Printed in Taiwan
定價／420元

國家圖書館出版品預行編目(CIP)資料

圖解和風自然設計宅/作者甄健恆一初版.--臺北市:商
周出版：家庭傳媒城邦分公司發行；2013.01面；公
分（做自己的建築師06）

ISBN 978-986-272-263-3 (平裝＋書衣)

1.房屋建築　2.室內設計　3.空間設計

441.58　　　　　　　101020053

和風自然 圖解 設計宅

寫在後來

日本宅設計之未來——Smart Life進行中

在日本，Smart Life的概念一再地被提出。但究竟什麼是Smart Life？

「Smart」Life首先出現於《經濟學人》中提起的「智慧電網」（Smart Grid），亦即家居的電力系統都能透過資訊系統如網絡來進行控制。之後，Smart便開始出現於各種與電力有關的行業／物品，就像大至智慧型辦公室，小至智慧型家電等。此後Smart也開始逐漸統稱為「智能」。但Smart Life是否將能成為一種未來的新生活主張？

其實「Smart」（スマート）在日語中還有「明智」（賢い）的意思，因此Smart Life不僅只與電力或科技有關，而是概括了所有為環境著想的居家元素——從設計出一棟能與自然環境共處融合的和諧住宅，到極小土地的善加利用等，都與Smart Chioce產生連結。就如同書中35位建築師所指出的，Smart Life不一定單指環保意識，也不一定是住宅設計的主導概念，或是僅以現代新科技或發明達到節能的綠色生活而已。

這或許就是Smart Life最獨特的地方；有別於將環保意識套入日常生活中，建築師和屋主則在實踐這些生活方式中有更多溝通與選擇的空間，使得Smart Life設計有更大的彈性。

共用計劃 Share Share：The Next Chapter

另外，Smart Life的日常生活方式也存在著「共用」的層面。如同「共乘汽車」的概念，住宅其實也能藉由「共用」的元素來減低能源和物資的浪費。其中像書中的集合式住宅「礦場宅」（Static Quarry）和「東京公寓」（Tokyo Apartment）都是例子之一。但其實日本也開始有了全新的集合式住宅方式：「共用公寓」（Share House）。

所謂的Share House就是以公寓模式的建築進行出租，而所有住戶將共用的空間包括起居室、廚房、飯廳、衛浴、辦公室等公用設施──當作是大學時期的宿舍一般，不過因為每個住戶將配有個人的住處（即臥室，大小約為12～20平方公尺），所以私密性依然沒有被奪去。這樣的共用公寓計劃，目前已經出現在日本各大城市裡，不管是大型的（如可供70人居住的田園調布南 * 或「The Share」）或是小型的（京都市東福寺只能容納6戶人家），都成了另類「智慧生活」的表現形態。而且住戶之間的創造性將在此有所交流，從而衍生出全新生活方式的可能性。

* 田園調布南，日文ベルハイム，位於東京大田區。

其中位於東京澀谷區的The Share共用公寓雖然才在2012年1月開張，卻儼然已經成了各大媒體的焦點。這棟建築雖然已經有近半世紀的歷史，但是經過了ReBITA公司的改造後，7層樓的公寓裡不但包含了住宅設施，還有店鋪、辦公室甚至是屋頂庭院，加上這附近對商業而言不但是最便利的地點，而且距離明治神宮、新宿御苑、赤阪御所等地也都很近，而此處豐沛的綠地也是東京地帶最頂級的，因此對人們而言可說是最適合居住的環境。

名列世界十大宜居城市之一的東京城內再造宜居的「共用住宅」，不也是另一種Smart Life的新詮釋？未來的日本宅設計，肯定將會因為Smart而更加精彩。

目錄

作者序

「ありがとう。」

「咦？你為甚麼感謝我？」

「因為沒有你這本書就不成了呀！」

「真的嗎？其實我只是純粹當個布景而已。主角也都不是我。」

「但是我都感謝過建築師們了呀。他們都認為你才是最值得我感謝的。」

「這樣哦。我還會有點不好意思呢。因為看起來，我好像給他們添了不少的麻煩。」

「麻煩應該是還不致於啦。我想他們能夠有今天的成就，也都是因為有這些『麻煩』。」

「所以他們並不怕麻煩？那我就安心了。不過你為甚麼要寫這一本書呢？你的目的又是甚麼？」

「咦，輪到你發問問題了嗎？」

「可以吧？既然你感謝我了，你當然得向讀者介紹一下呀。這書的內容真的很豐富呢。又是圖解、又是和風、還有自然與設計。副標另外有自建、宜居、共享等等的形容詞。不會讓讀者感覺太複雜？」

「哈哈。所以你才需要我為您註解一番吧！其實在進行這本書的研究前，我所設定的範圍，就是選擇所有在近年建好，特別是來自於年輕建築師（70後）的作品。然後從中再挑出最有創意的建築設計來推薦。當然，最終我才發現，這些年輕建築師的能力還挺強的，似乎是什麼類型的住宅都難不倒他們。」

「哦，所以才給人一種大熔爐的感覺，原來如此。不過，採用藍圖作圖解的書，還真少見呢。」

「這是在參考了《Monocle》這本雜誌後所得到的啟發。因為藍圖往往都被忽略掉，或僅呈現、沒有解說。所以我這次才特別讓藍圖成為內容的一部分。希望讀者能從住宅的另一面，看見設計上的巧思。」

「特別是在通風和採光的部分，我覺得看藍圖就特別容易了解。不過書中的內容還有一項重要的部分。」

「你說的是？」

「建築師的採訪。」

「哦對。我差一點忘了。哈哈。關於這些住宅的資料，不瞞你說，其實基本上或多或少都能在現今的網路上找到。但是我覺得僅就這些資料，這本書就不再是本書而是本建築型錄了！所以我才跟建築師們聯絡，問問看他們對自己的作品及對於當今建築業的看法。」

「當然，你還問了關於我的突發事件呢。」

「你說大地震嗎？是的呀，那時候真的問得有點戰戰兢兢呢。好害怕會觸及到傷處。你還好吧？」

「嗯，已經好多了。謝謝你的關心。你應該發現到建築師們的回答還頗讓人安心的。」

「是的呀，雖然地震對你和他們來說是家常事，但是你還是要多加油。我雖然自小就蠻哈日的，可是如今在你逐漸享受著韓國文化的跨界交流中，我已經覺得你或許要好好把握住建築這一塊『軟實力』才不會被超越。尤其，有些建築師都不誇張說自己依然是啃老族，所以你更應該讓他們有更多施展拳腳的地方呀！」

「嗯，瞭解。我雖然沒有太大的主控權，但依然會希望社會的明天會更好，生活的更Smart。不過還是要感謝你寫了這一本書呀。辛苦你了。」

「不會。我相信在未來，你的建築師群將會是領導另一項建築運動的新起點。」

「絶対的な。」

2012年12月

01

Airhole House
透氣孔宅

所在地 日本滋賀
建築師 KINO Architects

一對年輕夫妻要蓋房子，可是他們的預算很少。「所以我們只能
盡力做到最好。」KINO Architects首席建築師木下昌大謙虛地
說。而這樣的條件，這樣的建案，在現代日本住宅的委託案件中
占據了大多數的比例。

這塊建地，位於日本本州島中部的滋賀縣，因為是一個內陸縣，四周被群山環抱，這對夫妻的唯一要求，就是房子要能「通風」。

會透氣的宅設計

在住宅的設計上，一般上要通風，很自然地就會想到透氣孔。那是一種為使空氣自由流通而在構件（Structural Components*）上開設的普通小孔，多以小窗戶或鏤空瓷磚的設計安裝於廚房或浴室內，或以裝置抽風機來替代也很常見。再不然，裝設多扇的推拉門，視需求以人力來操控「通風」，更常見於日式住宅的空間設計。

對於木下昌大而言，要打造「通風」的住宅，透氣孔才是不二的選擇。但木下昌大之前所打造的建案，從Guest House Tokyo（2008）到Himeji Observatory House（2009），都明顯地有較大的設計空間和預算——而且多是採用清水模工法打造。「透氣孔宅」卻沒有如此奢華的預算，不但只能以木料作為主建材，還不能對這些原料做額外處理，必須要在預算內打造建築師與屋主心目中理想的住宅。

那該怎麼進行呢？建築師在進行了實地考察後，發現這塊座落在住宅區內的建地，呈正方形，東面有一條小巷，南面有一條主要公路，西面是一片草地，而北面則是面向著整個住宅區——這塊地正好在整個住宅區的邊緣，這樣建築立面不至於「四面楚歌」，至少還有喘息的機會。

*結構構件Structural Components，包括樑、柱、牆面、樓板等建築結構。

一樓空間以不同色澤的門面創造視覺的趣味性

北
西　　東
南

1 2

木下昌大抓準了這樣的優勢，並考慮到建地的形狀以及住宅本身和北面鄰近住宅區之間的距離，初步先將房子做成一個簡單的方塊。決定好基本形式後，他才開始在一樓的東西面和二樓的南北面設計出大大的「透氣孔」。但其實這些「透氣孔」又不是像人們印象中的隨意地在住宅上鑿一個「大洞」就簡單完工的。「透氣孔」的所在位置是經過木下昌大精心設計過的。

一樓的透氣孔，同時還要作為車庫，所以木下昌大將它橫置於建築前方，面對小巷及主要道路，車子可輕易地進出。當車子從東面駛入，能一覽西面的草地，讓下班回家的屋主心情開闊。

二樓的透氣孔則開口在草地的西面，擁有一個大型的、深井式的陽臺和LDK（客廳、飯廳、廚房的一體式空間）這裡形成的自然風會穿過北面的小窗口，進入飯廳和客廳內，再從陽臺的南面大窗吹出。

透氣孔的好處還不僅如此而已。住宅內的主要空間因此都有了極好的採光，並且擁有180度的View，對於任何住宅而言，都是一種奢華的享受。透氣孔和深井式陽臺有效地讓房子在炎熱夏季中保持涼爽，在冬季則獲得暖暖陽光的眷顧。

這樣「穿透性」的透氣孔，木下昌大說，是整棟住宅裡最具挑戰的設計，而整個建築計劃的成敗則全靠：屋頂的設計。怎麼會是屋頂呢？「屋頂對於二樓透氣孔的形狀，扮演著重要的角色。」建築師說。「因為它與二樓空間直接相連，因此對於屋內的採光度及風量影響最大。而屋頂的設計也決定了二樓室內空間的視野。」

此外，屋頂的形狀則決定了建築物的外觀輪廓。木下昌大覺得日本郊區的住宅建築，總能看到熟悉的斜坡屋頂，形成一種特殊人文景觀。為了讓「透氣孔宅」也能融入人們熟悉的景色裡，另外賦予它獨特功能，因此特地在屋頂的外觀上下了工夫。

1 一樓的東西面，靠推拉式門窗自行控制風量的攝取

2 陽臺處的180度的View

3 穿透性與呈漏斗狀的屋頂，決定夏季與冬季的採光攝取

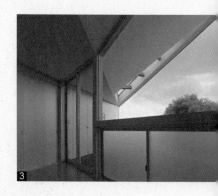

3

「透氣孔宅」原本只是屬於夫妻倆的小家庭，但在住宅打造的過程中，他們卻意外地喜獲第二個孩子。木下昌大至今仍記憶猶新，「我覺得，」他說，「建一棟房子就代表成立一個家庭」。而多虧他的功勞，透氣孔宅如今讓屋主一家四口，在小預算中獲得最大的幸福感。

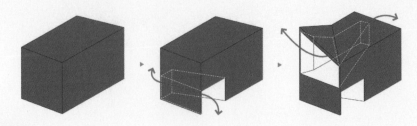

住宅的設計概念

木下昌大將房子初步架構成一個簡單的方塊。而決定好基本形式後，
他才開始在一樓的東西面和二樓的南北面設計出大大的「透氣孔」。

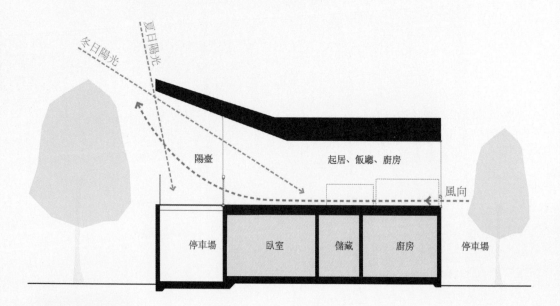

住宅的剖面

冬天陽光的角度較低，呈漏斗狀的挑高屋簷設計沿著光線的傾斜度而
建，有效地讓光線直達室內深處。若稍微留意一下陽臺上方，還有小
塊的玻璃天窗，又讓更多的光線穿透。

　　夏天的陽光角度較高，因此直角設計的屋頂除了有遮蔽的效果，挑
高的屋簷也有助於散熱。木下昌大還巧妙地將第二個透氣孔裝置在陽
臺之下，達到雙重的散熱功效。

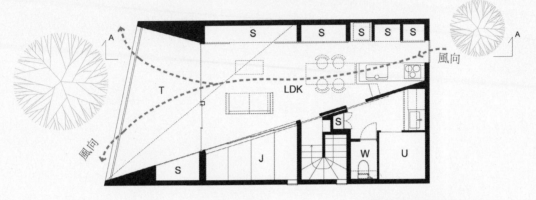

2F plan S=1/100

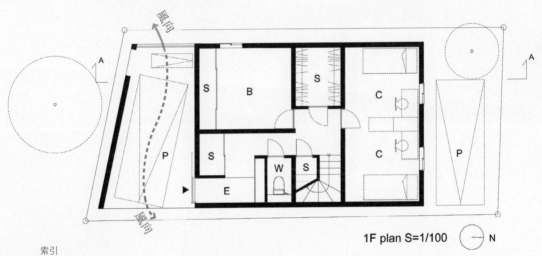

1F plan S=1/100 N

住宅的平面

（上）在植入透氣孔的時候，建築師木下昌大肯定考慮了波以耳定理。就像我們在倒罐頭時會打兩個洞是一樣的原理。北面的廚房的透氣孔比較小，當空氣經過內部的壓力變小，得以順利穿過空間，往另一端較大的透氣孔而出。

（下）另外一項巧思就是建築師打造的屋頂。其構造除了得到最好的採光（亦即採用了全玻璃帷幕牆），也考慮太陽在不同季節的照射角度對室內溫度的調節。

陽臺處因爲樹木的遮擋而不失私密性

住宅其他房內都設有小小的窗戶

木下昌大

Masahiro Kinoshita

1978 出生於日本滋賀縣

2001 畢業於京都工藝纖維大學建築系

2003 畢業於京都工藝纖維大學碩士班（岸和郎研究室）

2003 任職於C+A

2005 任職於小泉工坊（Koizumi Atelier）

2007 成立木下昌大建築設計事務所（KINO Architects）

2010 任東京首都大學客席講師

www.masahirokinoshita.com

Q A

Q 過去50年來，日本住宅設計有什麼變化？

A 因為居家風格開始變得多元，所以住宅設計也變得多元。

Q 科技的日益發展，是否對住宅設計有所衝擊？

A 我並不這麼認為。科技對於住宅設計並沒有直接的影響，而真正改變生活方式的反而來自於其他高科技建材。只有生活方式改變了，才有可能影響到住宅的設計。

Q 人們對激進設計（radical design）的接受度是否已經更開放？

A 這是肯定的。

Q 環保是否成為了住宅設計的一環？

A 我覺得有。我們在設計的時候都應該要考慮到環保議題。

Q 傢俱是否比過去變得更重要？

A 我不同意。感覺跟從前沒太大的區別。

Q 好的住宅設計關鍵是什麼？

A 不過於設計。

Q 你認為未來的住宅設計會有什麼樣的發展？

A 我們不僅僅需要考慮到屋主的生活方式，還需要顧及住宅周遭的環境。

Q 2011年的東日本大地震是否改變了你的設計手法？為什麼（不）？

A 有的。因為設計往往都能反映出設計師人性化的一面。

Q 日本的年輕的建築師似乎有越來越多的跡象。你認為其原因是什麼？

A 基於高度的網絡便利，年輕的以及未發跡的建築師如今可以很容易地傳播他們的訊息到世界各地。

Q 你應該是屬於年輕建築師的一群。相對來說，年齡是否影響你的工作量呢？

A 有的。年齡的影響比較會在工程大小上有關，而非數量。（有）經驗比較容易讓屋主擁有安全感。而大型的建築項目往往都需要更大的安全感，這是很平常的。

BEAT
廣場宅

所在地 日本神奈川縣 相模原市
建築師 studio LOOP

在私密空間中能完全地放鬆，是屋主的最大要求。但諷刺的是，
這個建地最不缺乏的就是私密性——它位於市區裡被狹窄的街道
給包圍著，特別是北和東西面與臨近住宅的距離僅僅不到1公尺而
已。於是內在空間，似乎成為這個建案的設計關鍵。

特別是像這樣僅有80平方公尺的住宅，狹隘緊鄰的空間似乎是早就能預料的事，然而屋主仍希望居住在其中能感受到室外的氛圍。因此，藉著面向公共公園的南面建地，住宅獲得了極佳的自然採光。

挑高5公尺的「廣場」設計仍可擁有4個房間

負責這項建案的studio LOOP嘗試在設計圖中，找出重新組織nLDK（亦即n〔套房數目〕、L〔客廳〕、D〔飯廳〕、K〔廚房〕）的可能，從中得到適合現在和未來生活方式的設計。

「首先，我們將房子內的LDK幻想為一個『廣場』。這個廣場不是像一個開放性公園，反而更像義大利錫耶納（Siena）的貝殼廣場（Piazza del Campo），或羅馬的羅通達廣場（Piazza della Rotonda）。這些廣場都是在城市發展出一定規模後，前人所精心創造的建築結構方法。」建築師們解釋道。「雖然它們是人造的，但是置身於其中，卻總會讓人們的心靈感覺到無形的舒暢感。就像是被引導在建築內部和外部之間的錯覺感……」

而建築師們的錯覺概念，就是在這個雙層住宅內創造一個5公尺挑高的「廣場」來替代典型的LDK，讓家庭的所有成員可以「共用」所有活動，如烹飪、用餐、玩樂、學習、甚至是跑步。但設計這樣一個廣場，占據了如此大的空間後，是否會壓縮了其它空間，特別是當屋主希望還能有額外4個房間？

1 南方立面上安裝的大型玻璃窗，讓採光最大化

2 「廣場」代替了典型的LDK，一旁開口式房間，則像是VIP式包廂，讓屋主能仰望「廣場」的活動

這部分的解決方法，就看見了建築師們突發奇想的巧思：將常見的橫式走廊換成直式的螺旋樓梯，分隔了左右各兩間的私人房間，讓主臥室和孩子的臥室層疊於彼此之上。其中一間甚至還位於地面之下，而三樓的另一間則成為了露臺。這些房間與廣場連接著，沒有外牆作為區隔則增加空間的統一性。浴室、廁所、儲藏室等則設置在廣場的四周，作為廣場和外界之間的緩衝地帶，有效地穩定屋主一家人的生活。

除此之外，「廣場」裡的挑高窗戶，以及位於中央的白色螺旋樓梯，加上透過天窗獲取的自然光，讓整個住宅充滿彷彿置身於室外般的氛圍。

建築師們還說：「因為我們必須在較低的成本預算中找到解決方案，所以房子外部立面採用單一性的材料為主，而且我們也認為房子應該是獨立個體。」因此其外觀才選擇了極簡的方塊模式，而選擇黑色則是為了讓它在城市環境中更為明顯。

就像在東京人口如此密集的地區，人們比較關注擁有私人空間，好讓自己能隱身其中或完全不被打擾，希望與外部活動有所隔離。但過於隱密又恐變得太封閉。因此巧妙的「室內」空間設計，能讓室內與室外的活動劃清界限卻又不失那均衡的需要，才是這棟「廣場宅」不容小覷的大精神。

1 空曠的閣樓處讓屋主在功能上有更多的自由性

2 浴室、廁所、儲藏室等則設置在廣場的四周，作為廣場和外界之間的緩衝地帶

3 「廣場」的挑高空間讓人感覺彷彿處於戶外

1 3

2

（左右）呈L型的築地，雖然擁有大量的
私密性，建築師依然在面向停車場（即視
野暢通）的建築立面上，加入窗戶

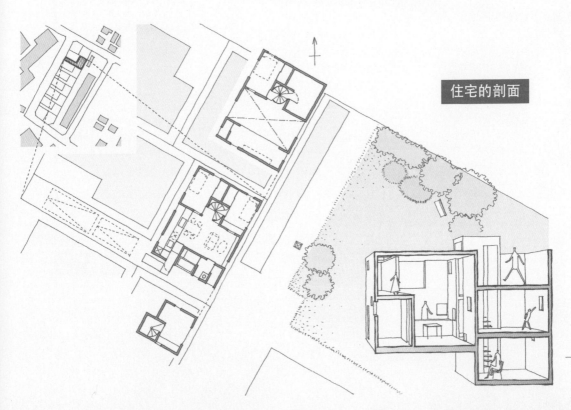

住宅的剖面

看起來外形簡單的方形建築，建築師們往地底的空間做有效地利用，讓視覺空間寬廣一些，功能性也多元化，而且還保留了隱密的私人空間。

（右上）露臺正好身處與原有建築的牆面範圍內，因此在享受戶外的同時，也能保有私密性。

（右中）超大型的浴室雖然依功能性被分成了三個部分，其採光並未因此就被忽略了，每個空間內都設置了對外窗戶。

（右下）地下一樓的空間比其它地方較為隱密，比較爲安靜，因此作成了書房。

二樓

一樓

書房

地下一樓

住宅的平面

住宅的四面外牆

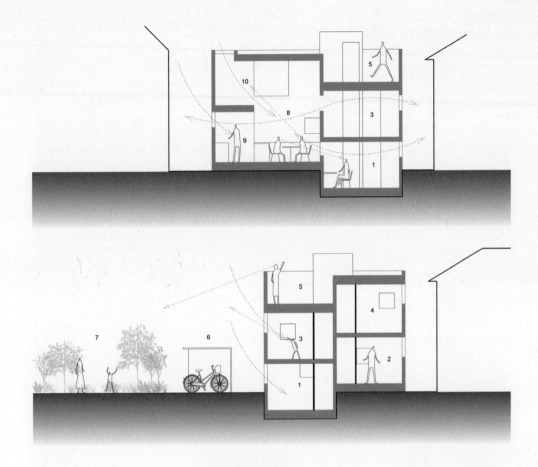

住宅的概念

（上）即使住宅與鄰近的房子間只有不到1公尺的距離，建築師還是想盡辦法可以獲得自然採光。因此在浴室（紅）或是在閣樓間都設置了窗戶或天窗。另外，幾乎每一個房間都有兩面斜對開的窗戶，因此每一個空間都能獲得間接而良好的通風（藍）。在動線上（綠）也考量的很仔細，讓家庭成員的生活動線相聯繫。

（下）每一個房間內的視線可以間接地接觸到戶外空間，特別是二樓及三樓的露臺（綠）。很難能可貴地，每間房間至少有兩扇向外打開的窗戶，就算在一樓空間也不例外（紅）。

藉著面向公園的南面建地，住宅才獲得最佳的自然採光

studio LOOP共同設立人

田部井章 Akira Tabei
1979出生於日本群馬縣，畢業於日本明海大學經濟系，曾任職日本
Leopalace 21 Corporation。

熊澤英二 Eiji Kumazawa
1979出生於日本神奈川縣，畢業於美國美國德州大學阿靈頓分校建築
系，曾任職於美國Studio ［MUD］。

大橋崇弘 Takahiro Ohashi
1979出生於日本群馬縣，畢業於美國德州大學阿靈頓分校建築系，曾
任職於Studio Green Blue。

村上勝 Masaru Murakami
1980出生於日本栃木縣，畢業於日本大學工程系，曾任職於日本
Harajuku Chicago inc.。

中理裕一 Yuichi Nakazato
1980出生於日本群馬縣，畢業於日本明海大學不動産科學系，曾任職
於日本GUNMA Sekisui Heim Co, Ltd. （www.studioloop.net）

Q A

Q 過去50年來，日本住宅設計有什麼變化？

A 當資訊科技逐步的改變，日本的建築業也跟隨著在改變中。其中的不可逆轉性的變革更引發傳統生活方式的轉變。從前的住宅空間也以nLDK格局為主：意即n（套房數目）、L（客廳）、D（飯廳）、K（廚房）。而nLDK的概念也是表達住宅價值的顯達術語。而這些空間的靈活度以及彼此相應相生的關係（私人空間及共用空間）開始被分割甚至捨去，因此訴求於「功能性」成了王道。

Q 科技的日益發展，是否對住宅設計有所衝擊？

A 有。特別是在結構設計上。在設計執行上已經從「直覺」（經驗）轉變成計演算法（按照房屋建築與裝修設備劃分等級計算的辦法，叫等級計演算法）。而用計演算法，我們可以使用更薄、更小型的產品，而更激進的建築也有了更多可能。

Q 人們對激進設計的接受度是否已經更開放？

A 有。隨著資訊社會的發展，我們對於大量知識的需求與取得已經到了隨手可得的地步。人們開始重視個體性，每一個人也可以自由地發展興趣及嗜好，因此住宅的設計也開始受這樣概念的影響。我們可以在網路上看到一些激進的建築設計。而人們最終想要的是將自己的個性與全新設計相融合。

Q 環保是否成為了住宅設計的一環？

A 是的。就像是「廣場宅」的設計，打造了一個通風又明亮的空間，而這完全是受日本的夏天溫度變高的影響。我們也開始感受著屋簷的重要性，並思考著將屋簷納入設計中的方式。

Q 傢俱是否比過去變得更重要？

A 沒有。人們從前都會重覆使用並愛護傢俱。現今的人則偏向於購買便宜傢俱，如果厭倦了就會進行替換。

Q 好的住宅設計關鍵是什麼？

A 與屋主大量地進行溝通。

Q 你認為未來的住宅設計會有什麼樣的發展？

A 在日本，低出生率及長壽的狀態正在發生中。長輩們都將共同生活在一個地方，而年輕一代則會與建小型住宅。但當土地開始貶值，我認為許多空置的房子則會成為問題。

Q 2011年的東日本大地震是否改變了你的設計手法？為什麼（不）？

A 沒有。那股力量是如此地巨大，因此任何住宅都不可能抵擋得住。政府應該建立更強大、更安全的庇護所以保護人們的未來。

Q 日本的年輕的建築師似乎有越來越多的跡象。你認為其原因是什麼？

A 那些著名建築師的誕生都是因為各界媒體的吹捧所致。雖然建築師及建築業是樸實且謙遜的工作，卻被報導成絕頂聰明或偉大的工程。我想，這些著名建築師的追隨者（年輕一代的學生）也是形成這現象的最大因素之一。

Q 你們應該是屬於年輕建築師的一群。相對來說，年齡是否影響你的工作量呢？

A 我們不這麼認為。即使是年輕建築師也需要工匠們的豐富經驗來協助。而能獲得（委託）工作最重要的並不是年齡，我覺得是更多的社交關係。

廣島

Charred Cedar House
雪松宅

所在地 日本廣島
建築師 Naf Architect & Design Inc.

在現實中，並非所有日本的住宅都一定有超嚴格的規範限制，一旦自由發揮的機會出現時，住宅的設計就會展現其非凡的一面。

「雪松宅」就是例子之一。雖然是前客戶的介紹，Naf建築事務所的首席建築師中薗哲也決定要實行一項天馬行空的概念。在這個呈現一致性的傳統風格住宅區裡，他大膽地設計出以挑戰地心引力的形式而屹立的新住宅。

1

2

1 築地南北兩面都靠近停
車場

2 建築師所保留的開放性
西面空間，屋主也已經
種上了些樹木

雪松宅的外觀有三個層次

建築未完成，卻更自由

從外觀看，這棟住宅的第一層是一個黑盒子；第二層則是中空地，以
細長斜鋼支柱隨意地穿梭其中；而第三層是一個山形式的黑盒子，狀
似浮在第二層的上面。雖然外型比其周邊住宅明顯突出許多，其中卻
充滿了獨一無二的設計巧思。

「雪松宅」東面緊貼著鄰棟房屋，南北兩面則靠近停車場，尖峰
時刻總是有車輛不斷地進出，非常繁忙，因此為保持屋主生活的私密
性，東面及南北面皆設置了以焦黑色的雪松打造的牆。

建築西側則面向一條老街，街上有不少傳統房屋及剛以白漆粉刷
過的釀酒廠貨艙，形成的如畫景致，正好成為了視覺焦點。因此中薗
哲也保留了西面的開放性以融入周遭環境。如此「未完成」的住宅，
也是為了讓屋主有更大的自由，興許未來在此種一些樹木增加綠化空
間。

接下來，就是住宅內部的空間設計。第一層，有別於傳統日本住宅的入口需要的脫鞋的禮儀，中薗哲也在這裡以砂墊層磚鋪砌的地板，打造了一條半開放式走廊，左右兩旁的空間：榻榻米房間、主臥室和浴室，皆用推拉門區分開來，再根據使用材料和空間性質的不同，逐漸營造出一個更為私密的空間。走廊盡頭則安裝通往三樓的螺旋狀樓梯。

1 一樓入口底部的螺旋梯直通三樓

2 榻榻米房間為了不讓人感覺封閉，也在牆壁底部安裝了玻璃幕牆有利於採光

3 從這裡上三樓了！

4 5

4 浴室的全玻璃幕牆設計非常大膽，幸虧有外牆的遮擋，達到私密性

5 沿著螺旋樓梯往上，會先經過二樓的半透明牆面通道

6 到達三樓！這裡才是屋主的LDK空間

　　然而，爲什麼是通往三樓，而不是二樓的樓梯呢？ 首先，中薗哲也依序設計了屋主從一樓直達三樓的一體式的LDK（客廳、飯廳和廚房），然後從三樓另外設置通往二樓空間的開口，只要往下沿著爬梯走即可。事實上，這樣看似顛倒的動線設計，目的是被設置在住宅一樓的臥室（仔細看，它們被安置在最角落），螺旋梯能讓屋主的起居生活更順暢，並且遠離街道及停車場的喧嘩。

6

「雪松宅」的最大特色，或許就是能被視為「屋頂陽臺」的二樓。從三樓的開口樓梯往下走，便能達到一個擁有360度，全景式的二樓空間。藉著玻璃幕牆的圍合，這裡亦如同於開放式空間一樣。

值得一提的是，這一棟住宅所在的場景，是一個擁有許多傳統日本釀酒廠的區域。這裡的老街都被保養得宜，牆體則由各式石膏或焦黑色的雪松板材圍成。而到了冬季的釀酒時節時，更能見到蒸汽一縷縷地從各紅磚煙囪中飄出，為空氣帶來充溢的清酒香味。而二樓的位置，正好在視線上與這景致平行，即使從容地坐在這裡，卻不會感覺到隱私全無。

中薗哲也認為，「雪松宅」的每一樓層在外觀上，都有不同程度的可見度（開放）、結構感（現代設計）和接觸性（融入環境），事實上也不是以這三層樓的組合來簡單概括「雪松宅」整體的設計精神。而「雪松宅」所呈現的複雜交錯關係，可為各種社會關係提供了全新的選擇。

1 通往二樓的開口就在一旁

2 連接二樓與三樓空間的樓梯則採用了非常原始的木梯

3 二樓玻璃帷幕牆外特設的陽臺設計

3

如前述，房屋的結構是由三層不同性質的空間組成的。從街上看，第一層是一個黑盒子，第二層乃中空地，以細長斜鋼支柱隨意地穿梭其中，而第三層則是一個山牆式的黑盒子，浮在第二層的上面。值得一提的是其中以不同角度傾斜的鋼管，既超薄又擁有高強度。一樓採用了直徑為100毫米和140毫米的鋼管，二樓則採用60毫米的鋼管。

住宅的剖面

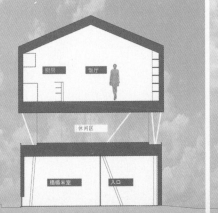

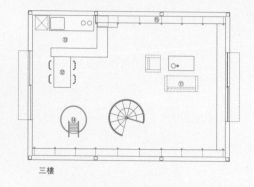

三樓

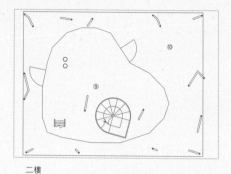

二樓

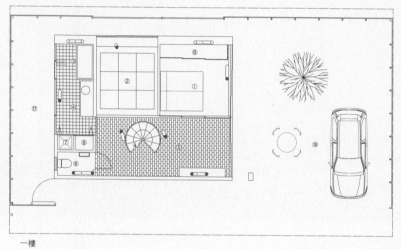

一樓

索引
① 臥室
② 榻榻米室
③ 浴室
④ 洗手台
⑤ 入口
⑥ 廁所
⑦ 洗衣機
⑧ 衣櫃
⑨ 休閒區
⑩ 露台
⑪ 起居
⑫ 飯廳
⑬ 廚房
⑭ 樓梯
⑮ 儲藏
⑯ 停車場
⑰ 庭院

住宅的平面

（上左）三樓飯廳與起居室的視線設計得與窗戶平行，不管在用餐或休閒時，都能欣賞到窗外的好風景。這裡的室內儲藏區（其實為開放式櫥櫃）皆靠牆而立，有著整齊及超大的收納空間。

（上右）二樓作爲露臺擁有充裕的自然採光，而用玻璃牆圍合的休閒區，在沒有任何傢俱的置放下，展現非常寬廣的活動空間，適合一家大小進行活動。

（下）動線上巧妙地將需要更寧靜的空間如臥室、榻榻米室、和浴室設計在一樓處，達到屋主所需要的私密性。與此同時，因為採用推拉門作為立面，因此可以在適宜的天候時全部打開，打造一個室內與庭院完整地連接在一起的空間。

中薗哲也
Tetsuya Nakazono
1972 出生於日本宮崎縣
1995 畢業於廣島大學建設系
1997 畢業於廣島大學建築系碩士班
1997 任職於Shiomi建築事物所
2001 與中佐昭夫（Akio Nakasa）成立NAF
2012 任崇城大學（舊熊本工業大學）助教
www.naf-aad.com

Q|A

Q 過去50年來，日本住宅設計有什麼變化？

A 我們已經鮮少使用天然原料了。

Q 科技的日益發展，是否對住宅設計有所衝擊？

A 居家設施的發展是特別地顯著。因此，在這方面我們也變得越來越難以抉擇。

Q 人們對激進設計的接受度是否已經更開放？

A 這應該是因為媒體的報導所致。

Q 環保是否成為了住宅設計的一環？

A 它確實有影響，特別是在建材和設施上的選擇。

Q 傢俱是否比過去變得更重要？

A 依舊像從前那樣吧。傢俱仍是起居室最重要的部分。

Q 好的住宅設計關鍵是什麼？

A 首先，對周邊環境的分析是重要的。

Q 你認為未來的住宅設計會有什麼樣的發展？

A 強烈意識到環境問題的設計要求會逐漸增加。

Q 2011年的東日本大地震是否改變了你的設計手法？為什麼（不）？

A 在日本，我們總是應該考慮海嘯和地震的影響，所以它對我們的影響並不大。

Q 日本的年輕的建築師似乎有越來越多的跡象。你認為其原因是什麼？

A 我覺得這也是由媒體報導所造成的。

Q 你應該是屬於年輕建築師的一群。相對來說，年齡是否影響你的工作量呢？

A 設計經驗只會影響工作的質量而非數量。

Daylight House
日光宅

所在地 日本橫濱
建築師 保坂猛建築事務所

「日光宅」的興建過程，或許是眾多日本住宅施工案中命運最坎
坷的一棟。

屋主買下的建地距離火車站只有5分鐘路程，理應是相當理想的住家位置。然而觀察一下周邊建築：有獨立式住宅、10層樓高的公寓，還有商業用樓比鄰，才發現住宅被混合建築環繞著。

找對建築師，家的感覺就對了

1 住宅的入口從街面看去，其實還非常隱秘

2 沿著樓梯往下走，才看見住宅的入口

猶如身在谷底中的這塊地，看起來並不是適合居住的地方。雪上加霜的是，因為前建築事務所和建商的無能讓屋主損失了不少金錢，漏洞百出的施工計劃更危害了鄰近住戶的安全，屋主一家因此承受了不少的指責與投訴。

屋主一開始委託了一家大型建築事務所，卻碰上一位「菜鳥」員工，在完全沒有對設計做解說的情況下便開始動工。這位建築師不但自以為是地計劃打造一棟4層樓的建築——這根本沒有考慮到自然採光的元素——而且最終還會超出屋主的預算（最終成本竟然達8千萬日元！）結束委託後，屋主便找了另一家建商計劃打造一棟比較小的房子。這次，建商在進行了4公尺深的挖掘後，竟然導致鄰近住宅和牆面出現傾斜的跡象。經過不斷投訴及纏訟後，建商竟然宣告破產，而且還帶著屋主的預付金跑路了！結果是屋主一家人不幸地成了眾人的箭靶。

歷經了兩年的折磨，建築師保坂猛的出現，就像是上天派來的救星。保坂猛記得，屋主之所以找上他，是因為太太的朋友在電視中看見他的廣告而決定孤注一擲。當他們第一次碰面的時候，屋主便直接說：「我只有一個要求。我要建一棟住宅。」他太太則輕聲細語地問：「有可能打造亮一點的房子嗎？」，孩子們則不安地問：「房子蓋得成嗎？」——當然，保坂猛的答案是肯定的。

為了讓屋主一家人能生活在天空的自然光照之下，保坂猛將如何獲取光源做為設計第一要務。他發覺，其實這塊建地並非沒有自然採光，只是這些相當珍貴的光源，在地面上的任何一個方向只能有50釐米的深度。但「如果這住宅位於比地面高5公尺的地方，」他說，「就有可能收集到更多的光線了。」因此他找到了解決之道就是，天窗。

首先，他在結構上以一個基本網格作為屋頂的基礎。而後在上頭安裝29個天窗以引入光線。但僅是一般的天窗卻無法讓光線擴散。因此他特製了一種弧形白色壓克力天花板安置在其下，好讓光線更為柔和，同時壓克力的材質也有效取得均衡的採光。乍看之下，還會以為這充滿現代感的設計是一種以日光為燈源的現成燈罩呢。

初步解決了光線問題後，保坂猛接下來又著手計劃將這些光線擴散到住宅的各個角落，將空間的分配和動線納入考量。他將內部規劃成一個單一的挑高空間，分別把臥室、兒童房和書房設置在房子的一端並以隔牆分開。隔間的高度只占整體空間的二分之一，因此採取了半開放式的設計，任何一個房間，都能直接感受到寬廣的天花板。

一進入這棟住宅會發現，空間裡完全沒有柱子，光線是如此地充裕，完全感覺不出住宅是座落在「低谷」中被各式較高的建築包圍著。雖然這棟房子因此被命名為「日光宅」，但「日光」所指的，不僅僅是陽光，也涵蓋了全天候美麗的光。從太陽初升的晨光、夕陽西下的暮光，到月亮出現時的月光，會一直持續到次日太陽再次升起，為住宅提供了24小時循環豐富的光之美。置身其中，彷彿就像是城市裡遺失的香格里拉！

1 容易擴散光線的天窗
白色壓克力材質設計

2 半開放式的臥室、兒童房及書房隔間

3 其實建築師還特別為屋主訂製了餐桌呢

4 5 廣大的客廳空間，讓屋主在傢俱陳設與動線上有非常大的自由度

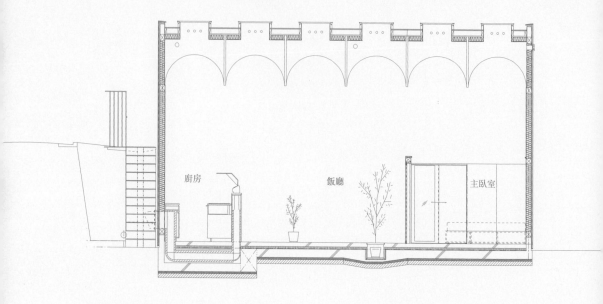

住宅的剖面

日光宅雖然看起來是兩層樓的建築，事實上是將一樓和地下一樓結合起來的挑高式空間。從外觀上看，會以為它是一棟單層的平房。建築師採用鍍鋁（Galvalume）的鋼架構造，也讓室內完全不需要額外的樑柱設置。

除了利用天窗來取得自然光源，建築師保坂猛還特別在室內地上設計了置放盆栽的洞口。這樣一來，植物看起來就像是從地面長出，花盆也不會與極簡的視覺感衝突。

1 傍晚時的「日光宅」

2 入夜後的「日光宅」

一樓的平面

日光宅半開放式的挑高LDK空間，其中巧妙概括了書房和臥室，其中也有較隱密的區域，像是主臥就被設置在靠角落的地方。每塊空間都至少有一扇通風的對外窗，若窗外是緊鄰其他建築的就設置往室內開啟的窗戶。

浴室的結構雖然有點畸形，然而一切設備因應齊全。廁所有專屬的洗手臺。浴室也設置了兩個洗手臺，讓屋主一家四口在起居作息的動線上（特別是早晨上班上課時）更為靈活。另外，利用閣樓樓梯下的空間放置洗衣機，巧妙解決了死角空間的問題。

3 月亮之夜，僅剩小盞燈源，就彷彿像是城市裡遺失的香格里拉

4 爲了讓盥洗空間更明亮，天花板中還加入了天窗，把陽光引進

3

4

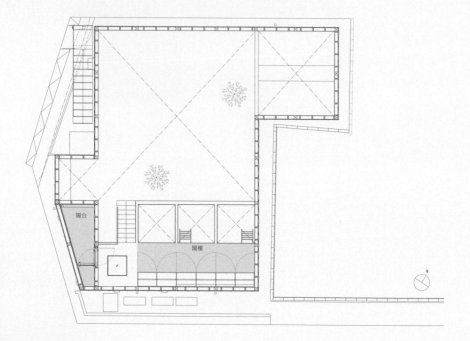

二樓的平面

很難想像這個原本空間就不大的基地，還能擁有陽臺這樣的地方，建築師保坂猛將閣樓的概念延伸出去，將戶外感帶入室內空間。

　　為了保持LDK空間的寬敞度加上挑高設計，以至於難以有非常充足的收納空間。為此閣樓成了最佳的收納地點，再加上又靠近孩子們的臥室，也成為了孩子們活動空間的延伸。透過樓梯便能輕易地取出物品。

孩子們的臥室設有往閣樓的樓梯，讓孩子的動綫上充滿攀爬的樂趣

保坂猛
Takeshi Hosaka
1975 出生於日本山梨縣
1999 畢業於橫浜國立大學建築系學士
1999 設立Speed Studio建築事務所
2001 畢業於橫浜國立大學建築系碩士
2004 設立保坂猛建築都市設計事務所
2004 任國士舘大學建築系講師
2010 任法政大學建築系講師
2012 任橫浜國立大學建築系講師
www.hosakatakeshi.com

Q A

Q 過去50年來，日本住宅設計有什麼變化？

A 因為我們一直都在使用新材料和新技術，新的變化也不斷出現。我在2006年時就建造了壓克力房子，而在那之前還沒有人使用過。

Q 科技的日益發展，是否對住宅設計有所衝擊？

A 當然有。

Q 人們對激進設計的接受度是否已經更開放？

A 我覺得設計的重要性是要連平凡人都能理解。

Q 環保是否成為了住宅設計的一環？

A 我認為我們更需要思考的是環境問題。

Q 傢俱是否比過去變得更重要？

A 在這建築案中，傢俱尤其重要。像是屋主要求我設計一款玻璃餐桌，以便能看見美麗光線和天花板。

Q 好的住宅設計關鍵是什麼？

A 充分地瞭解建築基地和屋主。

Q 你認為未來的住宅設計會有什麼樣的發展？

A 與自然共存。

Q 2011年的東日本大地震是否改變了你的設計手法？為什麼（不）？

A 自然界不能受人為所控制。對我而言，此一意識是2011年最偉大的事情，它讓我更堅強。尤其像是這樣嚴重的自然現象，人們不但會開始關心自身，也會考慮到如何去建設一個舒適的狀態。我想要發現的是這樣的關懷，而非以人為去控制大自然。我認為這部分就需要全面採用「建築內外部」（利用過渡空間解決各個存在空間之間的矛盾調和問題）的概念。

Q 日本的年輕的建築師似乎有越來越多的跡象。你認為其原因是什麼？

A 建築（作為一種職業）已逐漸被接受。

Q 你應該是屬於年輕建築師的一群。相對來說，年齡是否影響你的工作量呢？

A 只要廣泛得到他人的信賴，經驗便會大量出現。

House with Eaves and an Attic
屋簷宅

所在地 日本東京 文京區
建築師 On Design Partners

「我想，不管是新蓋還是改建，預算都會因條件和期望而有所改變。」On Design Partners首席建築師西田司所說的，或許是日本住宅設計的關鍵點。

任何一個地點，都有可能成為住
宅的設計場所。建築師西田司打
造的「屋簷宅」證明了這一點。

2

1 住宅入口處就看見設計的主
要元素：樓梯

2 3 就算僅有窄小空間，建
築依然保留了部分的原有樹
木，並讓其穿透住宅屋頂

3

新式住宅的意義：再嚴苛的條件下都能「成」家

一般來說，要在山丘上蓋一間住宅是非常奢華的想法。而東京市文京區內卻有一位這樣的屋主。在一眼望去都是丘陵的區域裡，他買下的建地位於山丘頂上，一旁就是長滿樹木的懸崖。屋主首先要求建築師西田司要保留這些樹木，讓它們能夠逐漸成長並包圍原有的建地。另外，屋主也希望映入住宅的景觀視野中，能避開懸崖下那些雜亂的建築群。然而這些都還不算什麼，對於西田司來說，最大的挑戰還在後頭。

除了屋主的所期望的設計條件外，西田司只在建地上找到一塊寬4.5公尺、長16公尺的平坦地——他只能在此範圍內蓋房子！在這個並不「寬敞」的條件下，建築師只能採用大型傾斜屋頂的方式來建造，還要特別將屋頂打造出接近原有懸崖的傾斜度，好讓視野有效地被控制住，同時也為三樓打造出一個如閣樓式的空間。三樓的窗戶，不會讓外界視線輕易地接觸到，同時又可讓室內的人可以看見外面的樹木景觀。在二樓，建築師則認為不需要設置任何窗戶，因而變成了大型的儲藏空間。

54
55

1　2　3

然而特殊的屋頂造型也花了建築師不少構思心血。西田司為解決構造、瞭解法規等相關細節也花了不少時間。特別是屋簷下的空間。為了保護了房子的私密性，並將視野順利延展至懸崖，原本的數棵喬木因此被保留，甚至成為室內空間的一部分，其中之一便在入口大廳處穿透屋簷伸向天空。此外，因建地位於坡地，施工上也頗為辛苦。西田司說：「在日本普通的住家大概一天就可以完工的，但這個計劃卻花了將近一個月才完工。」

西田司坦誠說，比起一般建築，這棟住宅的設計花費了更多的時間，也花了更多耐心解決問題。然而偕同了優秀的構造設計師及營造公司合作進行這項建案，問題都變得容易解決，以結果來說，所有的辛苦都是值得的。

1　2　3　設計的主要元素：樓梯，出現在一樓往二樓（上左），以及三樓往二樓（上中，左）的儲存空間

4　雖然說建築兩面都是傾斜屋頂，但是有了大大小小的窗戶，早晚就有了自然的採光

藉由「屋簷宅」的計劃，西田司認為它「廣義地解釋了日式住宅的
風格（特別是屋簷和閣樓），所以才能再次發現日本建築的美。」而
屋頂，就像是懸崖的延伸，賦予這房子非凡的獨特性。

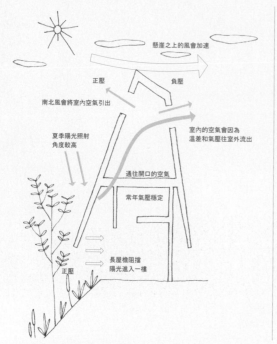

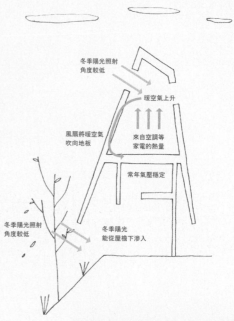

懸崖之上的風會加速

正壓　　負壓

南北風會將室內空氣引出

冬季陽光照射
角度較低

暖空氣上升

夏季陽光照射
角度較高

室內的空氣會因為
溫差和氣壓往室外流出

風扇將暖空氣
吹向地板

來自空調等
家電的熱量

通往開口的空氣

常年氣壓穩定

常年氣壓穩定

正壓

長屋檐阻擋
陽光進入一樓

冬季陽光照射
角度較低

冬季陽光
能從屋檐下滲入

住宅的風與光

（左）夏季的通風和隔離

在此，風會固定從南往北吹，經過這片土地時，便會讓房間內空氣通過屋簷的窗口流出。由住宅的最上方開始看，空氣從較高的房間流出，新鮮空氣則會從設立在一樓西側（即面向懸崖面）的進氣口進入。此外，部分向懸崖延伸的屋頂，則會讓東面和西面的風速增加，進而在房子的前後產生了正負壓（迎風面為正壓，背風面為負壓）。如此一來，空氣從一樓被吸入房內，透過進風口而產生自然風的循環。此外，屋簷也成了遮陽板，阻擋夏季的陽光。

（右）冬季的陽光再利用

在挑高的閣樓樓層裡，空氣將藉由陽光的照射產生熱能再加上加熱地板，暖空氣便會停留在空間的上部，然後會通過置入在牆面的垂直管道，以及風扇進行循環，這樣暖空氣便不會被浪費。底層空間的部分，儘管太陽處於較低的位置，陽光依然能從屋簷下滲入，讓地板自然地進行加熱。

大型玻璃推拉門讓窄小空間有了更廣闊的視覺性

Osamu Nishida 西田司
1976 出生於日本神奈川縣
1999 畢業於橫浜國立大學，設立Speed Studio建築事務所
2002 任東京都立大大學院助手（至07年）
2004 設立ON Design Partners
2005 任首都大學東京研究員（至07年）／任神奈川大學客席講師（至08年）
2005 任橫浜國立大學大學院助手（至09年）／任東京理科大學客席講師（至09年）
2010 任東北大學客席講師
www.ondesign.co.jp

Q A

Q 過去50年來，日本住宅設計有什麼變化？

A 我想，不管是新蓋還是改建，預算都會因條件和期望而有所改變。

Q 科技的日益發展，是否對住宅設計有所衝擊？

A 在技術這方面我覺得已經開始在改變，但住宅這方面我倒不覺得有什麼太大的變化。蓋房子是一個集中人們對生活的想像的行為。把每個人的希求、或是想在自己的房子度過什麼樣的時光等等經過思考後再將其具體化的這個動作，對設計者來說是一種極大的挑戰。

Q 人們對激進設計的接受度是否已經更開放？

A 我認為，人們已經開始敞開心房接受這些嶄新的、不同的設計。

Q 環保是否成為了住宅設計的一環？

A 屋主對於能源或是環境等的環保意識已經有所改變，而且也都開始要求對環境好的東西或是能源效率好的建築。

Q 傢俱是否比過去變得更重要？

A 不管是以往還是現在，傢俱對於建築而言仍舊是一個很重要的存在。

Q 好的住宅設計關鍵是什麼？

A 屋主所想像的、或是想要實現某些事物的想法、亦或是想度過什麼樣的時光等等，透過建築將這些具體化是一件很重要的事情。

Q 你認為未來的住宅設計會有什麼樣的發展？

A 隨著時代的變遷，價值觀也開始多樣化了起來，而顛覆以往對於住宅的固有概念的建築也越來越多了。

Q 2011年的東日本大地震是否改變了你的設計手法？為什麼（不）？

A 我原本就以自己的立場態度在做設計，對於處理某些問題時，只要能夠解決問題的話，我不會去執著「形式」的種類，因此對這次的震災我並沒有改變我的設計方針。關於災後的復興重建，在災區需要的事物都可以各種不同的「形式」來實現。但，那並非單指建蓋建築物這一件事。

Q 日本的年輕的建築師似乎有越來越多的跡象。你認為其原因是什麼？

A 因為我覺得人們已經開始在建築這個領域尋求一種類似時代性的東西了。

Q 你應該是屬於年輕建築師的一群。相對來說，年齡是否影響你的工作量呢？

A 我大學畢業後隨即就獨立創業，至今也有12年了，我覺得經驗和工作量不見得一定會有所關聯。

東京

F-WHITE
中庭宅

所在地 日本東京
建築師 山本卓郎建築設計事務所

F太太，屋主的妻子，是這項建築計劃的主導者，因為她大學時主
修的是建築系，而她認為：一項建築計劃的成功要素，乃是來自
於一個強大的簡化概念，而非許多小要求的累積。

屋主的妻子為家人的新房子所提出了「家庭團結性」和「寬敞感」的概念，意味著房子應該是由幾乎一體式的大空間而構成。這想法是如此鮮明──她不喜歡空間以分層方式來區隔。

1 從完工的約6塊塌塌米大
（約3坪）的木地板之中庭
往起居室、玄關方向看去

2 住宅入口處

3 連成一個空間的LDK和中
庭，地板採用樺木材、天
花板則是柳安木的合板

屋主＋土地＋跳tone的設計＝家的連結

屋主的妻子F太太想要的是一間單層樓的平房。於是F太太一家人便開始尋找一塊比平常更大的建地，因為單層樓的平房，需要更大的面積。幸運的是，他們在東京郊區發現了這塊理想之地。這塊土地不曾興建過任何房子，因為其大小比典型尺寸大1.5倍，而寬度卻比較窄，一般人不會想在此興建住宅，因此30年來都作為停車場之用。

起初，F先生委託了另外一位建築師來設計。設計出來的也是一間單層房子，還有一個位於中間的長方形中庭。雖然它與F太太的概念相符合，但是她對於設計圖並不滿意，卻又說不出所以然。

「之後她與我聯繫。」山本卓郎說，「因為我們是大學同學，所以她希望我給一些建議。我指出，考慮現實條件所設計的中庭樣式是不錯的呈現，因為單層房子高度較低，所以需要有效地讓陽光照入中

庭內。然而，原設計圖的中庭將內部空間分成了兩部分，以狹窄的走廊在兩側連接。這就是F太太不喜歡的原因，因為那樣破壞了住宅的統一感。」

因此山本卓郎便提出一個小建議：讓原有的中庭設置改以不尋常的角度斜放。僅是這樣的定位，中庭周圍將會多出更大的空間，每一個角落也都能鏈接上，減少了走廊的需要，同時加強不同空間之間的關係。這一改立即讓F太太感到非常高興，於是「中庭宅」便誕生了。

一開始這個打破刻板印象、充滿設計感的中庭，其實是為了善用這塊建地的優點，才會被選上。建築師注意到這塊寬敞的建地正中央，不會受任何電纜線干擾，也不處於鄰居窗戶的視線內，而且「頂上的天空是如此美麗。」他說，「將中庭設置在這裡不僅是最能享受那片藍天，同時也可保有隱私。」

這樣特殊的空間設計，還能讓屋主一進入房子裡便能感覺到寬敞舒適。而基於斜置的角度，中庭乍看就像是一塊非常大的內部空間直接被挖去似的。因此在滿足了屋主所需要的團結性和寬敞感後，中庭周圍的空間也不是一整塊空蕩蕩地留白著，另外還根據家庭成員及家居的隱私需求，再妥善細分功能性來設計。

山本卓郎說：「每次從庭院一個轉角，便能找到全新及不同功能的場景，但實際上在空間規劃設計卻很簡單。」就像先前所說的，最令人印象深刻的是「中庭宅」的完成，事實上是綜合屋主期待、建地特性以及中庭設計所做出的獨特回應。

1 榻榻米室

2 臥房的不干擾周遭視線之處，特設了側窗以引入自然光

3 可見連開關設計都如住宅中廳般斜放著

4 5 這是個不使用窗簾的居住空間，只需要將木製窗扇關上，便能達到私密性

6 廚房採用容易讓大夥兒聚集的 II 型設計

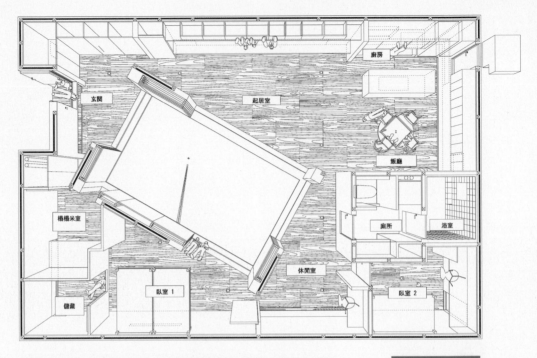

玄關
廚房
起居室
飯廳
榻榻米室
廁所
浴室
休閒室
臥室 1
儲藏
臥室 2

說是平面圖或許會讓人疑惑吧！因為建築師採用了不尋常的角度來觀看這棟房子。有別於一般的俯視平面圖，他特別提供了相反方向的視野，想必是為了讓人瞭解到中庭的設計可以讓人觀看到飛機畫過天空的愜意吧。

中庭的位置，除了不同於一般的傾斜設置，其實它的位置還往玄關靠攏，其原因是若處於後方則會與隔壁鄰居的陽臺對個正著，這樣就缺乏私密性了。

起居室看起來非常開放，但是山本卓郎還是設計了不少收納空間，特別是在住宅面西的牆面上。為了省下購買額外傢俱的費用，也為了節省空間，建築師還在起居室內靠牆的部分做了內置式的長條座位。收納空間則位於座位的上下方。

「中庭宅」採用推拉門來作中庭的圍合。全部拉開來，整個住宅就會成為一個極大的空間，同時也可隨時為空間作溫度及採光調整。窗戶的設置也因此可以減少。

而廁所與浴室的位置則遠離主臥室。雖然這在動線上有點不便，卻也讓主臥室獲得更大空間，並還能另外設置獨立衣櫥或更衣室。再加上主臥室靠近LDK空間，對於保持家庭成員之間的互動關係更有利。想要舉行家庭派對也非常合適。

天花板高度是2.7公尺，此高度是為了不讓鄰居往中庭覷看而設的

Takuro Yamamoto 山本卓郎
1973 出生於日本滋賀縣
1996 畢業於京都大學機械工程系
1996 就職於日本電氣株式會社
2003 畢業於早稻田大學建築系
2003 就職於Atelier Bow-Wow
2005 設立山本卓郎建築設計事務所
2011 芝浦工業大學客席講師
2012 TIFF AWARD 2012 入選
takuroyama.jp

Q A

Q 過去50年来，日本住宅設計有什麼變化？

A 由建築師設計的房子已經不再只侷限於小部分人士的選擇了。

Q 科技的日益發展，是否對住宅設計有所衝擊？

A 有的，但大多數建築項目都受屋主的預算和品味所影響，而非科技。

Q 人們對激進設計的接受度是否已經更開放？

A 是的。

Q 環保是否成為了住宅設計的一環？

A 會，沒有人可以完全忽視環境問題的。

Q 傢俱是否比過去變得更重要？

A 傢俱始終是住宅設計中重要的部分。

Q 好的住宅設計關鍵是什麼？

A 與屋主的合作。

Q 你認為未來的住宅設計會有什麼樣的發展？

A 應該會變得更為「上鏡」吧，因為業餘愛好者從網路中看見幾張建築圖來判斷房子的機會將會越來越多。

Q 2011年的東日本大地震是否改變了你的設計手法？為什麼（不）？

A 它並沒有改變我的設計方式，因為這些本來就是早就被認定的條件。

Q 日本的年輕的建築師似乎有越來越多的跡象。你認為其原因是什麼？

A 由建築師設計的房子越來越受歡迎，也成為了一般老百姓的選項之一。這意味著年輕建築師第一份工作（就打造房子）的機會有所增加。

Q 你應該是屬於年輕建築師的一群。年齡是否影響你的工作量呢？

A 我絕對是的，因為許多客戶往往會避免缺乏經驗造成的風險。

安之「居」

所在地 日本東京 目黑區
建築師 青木淳

每個人對「家」的建立時期及概念都不一樣。「G」住宅的屋主
是一位年輕平面設計師,曾經和建築師青木淳一起工作。而他在
歷經結婚、妻子懷孕後,才開始考慮要有自己的「家」。

青木淳在接獲委託的那一刻，便開
始考慮到屋主尚未出世的孩子，加
上或許還有第二位小孩的誕生的因
素，他仔細思考著該如何做出一個
可因應未來生活變化的設計。

雖然住宅內部的白牆與清水模占了
大部分空間，因此有了點冰冷的氛
圍，但是結合了木質的平臺與透過
天窗照入室內的光線，就足以達到
一種暖和的平衡感

滿足設計師姿態與光影交錯的家

青木淳在決定了這個住宅的基本型之前，做了100個提案模型。從這
一點來看建築師的執著與用心，實在讓人敬佩。難道，是因為屋主是
舊識才能有如此特別的待遇？

　青木淳說：「這對我的工作來說並不是很稀奇的事情。過去我們並
不會把所有的提案都展示給屋主看。而此次是因為屋主從事平面設計
工作，所以能從平面圖、模型正確聯想到完成後的姿態才提供。」

　「總而言之，我們公司內部先從這超過100個提案中選出了最佳的
提案，很巧的是，屋主也非常有眼光，最終選出的是跟我們一樣的提
案！這真的是令人非常高興，所以讓我留下非常深刻的印象。」

命名為「G」的這棟住宅，簡單說是將一個木造建築，放置在一個鋼筋清水模的平臺上。但由於建地的周邊幾乎被住宅完全包圍，因此在有限的面積中，青木淳還需要解決「G」的整體性如何融入自然的問題、採光問題及空氣如何充分流通等問題。而建築師提出的解決之道，就是將常見形式做細部變形。

譬如說，清水模平臺上方承載著的木造建築，樣式明顯來自於日本傳統的結構，而外牆和屋頂呈一體，表面皆有防水功能。在設計上，除了木造建築被切割的部分，房子內的所有開口都採用了相同的、現成的木製窗框作為天窗，形成了外牆上不規則的圖騰。青木淳再在週邊入了空隙，一併解決了採光問題。

2 **3**

4 **5**

「相對來說，這反而讓室內面積減少了，需要從下方的平臺中取得。」青木淳說。所以一樓在空間的配置上，只容納了LDK主要基本的空間，而上面的樓層中則以臥室功能為主，這樣一來就產生大量的剩餘空間。在功能上，上層的木造建築對於底層的平臺來說，就像一個巨大的天窗。而上下層樓之間77.3釐米的縫隙則說明房子在形式上的獨特個性。

最後，建築師還苦口婆心地重申說，這房子只能稱為「G」，任何如「House」等字眼都不能添加上——這樣一來，或許此「G」就能被解釋成為「居」，是一棟可以讓屋主住的開放又安心的住宅。「居」的外觀看起來與一般「房子」一樣並無特殊之處，但只要一走進裡頭就能感受到——「G」是一間有大量採光的「家」。

1 閣樓內部通過連鎖空間的綜合安排，被不規則天窗帶來光的照亮

2 大型的玻璃帷幕牆，讓屋主下樓時便能看見起居空間的一切

3 三樓浴室

4 三樓臥室，一旁的牆面其實為大型玻璃帷幕牆，但屋主卻以窗簾遮掩，達到若隱若現的浪漫感

卧室　浴室

卧室

住宅的剖面

车库　　厨房

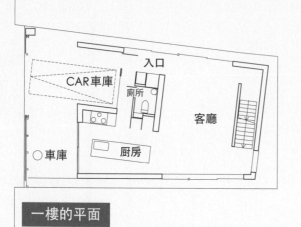

入口

CAR車庫

廁所

客廳

○車庫

厨房

一樓的平面

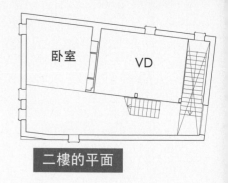

卧室

VD

二樓的平面

卧室　陽臺

浴室

VD

衣櫥

三樓的平面

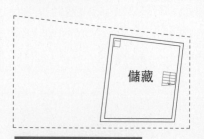

儲藏

地下一樓的平面

從一樓的平面圖上，首先注意到廁所的位置，就被設計在玄關處，還面對著玻璃幕牆的立面。這樣的設計能讓起居室的私密性大增，也方便飯廳位置的動線。玻璃幕牆的設計還能為該區域帶來自然採光。

若僅是為了挑高設計而將整個二樓架空，就白白浪費了多蓋另一間卧室的空間，所以青木淳決定只把客廳上方的二樓空間做挑高，剩餘空間就變成另一間卧室了。

看起來像是閣樓的三樓雖然有卧室、浴室和衣櫃等設置，但空間並不大，原因來自於山牆形狀的屋頂。雖然如此，青木淳仍然巧妙設計了陽臺，讓這塊有點封閉的空間，仍可享受戶外的感覺。

整體上是極簡主義風格的住宅空間，似乎完全看不到收納空間，事實上這一項需求巧妙地被建築師「收藏」在地下一樓裡了。

Jun Aoki 青木淳
1956 出生於神奈川縣橫浜市
1980 畢業於東京大學建築系學士
1982 畢業於東京大學建築系碩士
1983-90 任職於磯崎新建築事務所
1991 設立Jun Aoki & Associates
www.aokijun.com

Q A

Q 過去50年來，日本住宅設計有什麼變化？

A 我認為一個家依開放性的變化會產生不同意義。首先，大多數的人注重有個人隱私的空間，故期望能有效遮蔽從鄰近的住宅、道路上的視線。從住宅物理性著手，便傾向於密閉性、隔熱性的方向上走，這樣就會讓住宅內部及外部自然產生隔絕。話雖如此，住宅中沒有了開放性，就會帶來窒息感，所以要如何拿捏開放感的這個課題，我們嘗試了各種各樣的方法。

Q 科技的日益發展，是否對住宅設計有所衝擊？

A 我覺得住宅對人類來說是一種最基礎的建築，相較其他的大樓型態的建築較不會受到影響。

Q 人們對激進設計的接受度是否已經更開放？

A 無論是什麼事情只要稱上「過度」，答案就會有所改變。如果把改正至今無意識的生活型態稱為「過度」的話，我認為它的特殊感不足。例如對這種「像船一般浮在水面上，就算有海嘯也不會損壞的屋子」比較「過度」的提案的接受度，將因為客戶心理或經費條件而沒有標準答案。

Q 環保是否成為了住宅設計的一環？

A 就算是停電，也保持著舒適性。這是人類對於最親近的空間、住宅所要求的第一要素。另外，從停電的觀點出發，最終總會涉及到環保問題。事實上這並非是想省電而在經濟觀點上所產生的問題，當然也不僅是關於保護地球環境的嚴肅問題。

Q 傢俱是否比過去變得更重要？

A 無法評論。有（注重傢俱）那樣的家庭，但也有不（注重傢俱）那樣的家庭。

Q 好的住宅設計關鍵是什麼？

A 無論是什麼樣的屋主，總覺得自己的想法是「普通」的。但是，本來人與人之間就是有差異的，不同家族的關係也是相互有差異。總而言之，在這裡「普通」這種狀況是不存在的。那麼，為什麼我們覺得自己是「普通」？那是因為我們無法擺脫固有觀念。我們對生活有所期望，因此需要特定的舒適空間，這是真實的事，本人卻無法體會得到。而且每個人所呈現出來的有相當大的差異。因此，一個完美的家並非是形客客戶在文字面的感受，而是將內心面所持有的感覺做為感受的出發點。

Q 你認為未來的住宅設計會有什麼樣的發展？

A 沒有預想過未來的事情。

Q 2011年的東日本大地震是否改變了你的設計手法？為什麼（不）？

A 現在的主流，是將建築用新的型態、語言來解釋，然後產生新的意義。而我並不這樣想。我認為目前被認知的意義是結合過去／另外解釋出的新意義。住宅是由人們的生活及空間範圍組合而成。生活規定出空間範圍，空間範圍規定出生活。這樣的關係很容易定型化，給人帶來窒息感，也很容易被動搖。為找出新的平衡的可能性，必須消滅這種窒息感，以解放感取而代之。我認為目前建築還沒有成就這部分。在東日本大地震後，有這種想法的人更為普遍，並開始討論跳脫「意義」作用的議題。

Q 日本的年輕的建築師似乎有越來越多的跡象。你認為其原因是什麼？

A 對新手來說，一開始就接到大型建築的機會非常少，較多的狀況是接到住宅的設計工作。無論任何年代，新手設計的住宅都相當醒目。

Q 你應該是屬於年輕建築師的一群。相對來說，年齡是否影響你的工作量呢？

A 並不是購買已完成的商品，而是建築尚未完成的階段，所以首先只能從建築家來選擇，因此客戶一定感到相當的不安。從建築家至今的作品來做選擇，是一個解決不安的方式。

House in Horinouchi
河畔宅

所在地 日本東京 杉並區
建築師 水石浩太建築設計室

所謂麻雀雖小，五臟俱全。位於河流和道路之間的一塊三角形建地，不但總面積僅僅只有52平方公尺那麼小，而且還不能全面占用，因為還得設置停車場——這一切並非建築師水石浩太的主意，而是屋主「自找的麻煩」。

「屋主一家人本來就住在我工作室附近的公寓。當他們決定要購入一塊新土地來蓋房子時，卻發現並沒有太多的預算。因此，他們不得不去尋找一些小型的、形狀奇怪，以及有所限制，但價格低廉的特殊土地。他們最終找到的這個地點，正好是其他人都看不上眼的。」建築師水石浩太說。

1 墊高的住宅

2 切一角變成停車處

3 住宅的入口

在小小畸零地上蓋出大大的夢想「家」

雖然屋主一家對於這塊特殊的建地感興趣，但他們也擔心這樣一個地點是否真的能蓋出令人滿意的房子。於是，他們來到了水石浩太的事務所（建築師笑稱，他的工作室正面向大街，是如此地顯眼所以才被選上！）並徵詢建築師若在此蓋住宅，規模能夠多大。討論過後，屋主對住宅的設計充滿了信心，最後買下了土地請水石浩太來設計。

然而，首先要解決的是這塊超小型的建地正位在死胡同內，若要在此施行建築工程則另需要經過特別許可才能進行。

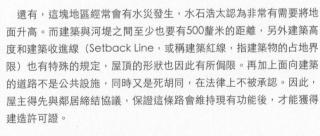

還有，這塊地區經常會有水災發生，水石浩太認為非常有需要將地面升高。而建築與河堤之間至少也要有500釐米的距離，另外建築高度和建築收進線（Setback Line，或稱建築紅線，指建築物的占地界限）也有特殊的規定，屋頂的形狀也因此有所偏限。再加上面向建築的道路不是公共設施，同時又是死胡同，在法律上不被承認。因此，屋主得先與鄰居締結協議，保證這條路會維持現有功能後，才能獲得建造許可證。

在瞭解種種的限制條件後，水石浩太接下來開始針對屋主的預算來進行設計的規劃。這棟住宅在形態上，就如建地般呈三角形狀。但正當建築師要開始進行設計時，屋主卻突然說希望規劃一個停車場。「我感到非常驚訝，我以為屋主會放棄能停車的空間。但他們說只會選擇比較小的型號。」不可思議的是，建築師只「切除」了一樓的銳角，就騰出了停車的空間。

此外，水石浩太認為，雖然基地是如此地狹窄，但因面向著河堤，住宅應該與河流建立多元的關係，特別是在窗戶的使用上。「我希望不要讓他們有住在小房子的意識感。不過我也不認為這樣就應該置入大型的窗戶。」像是在銳角部分被「切除」的二樓，一般的手法會在此建立起外牆，卻如此會導致這個部分的功能全失。建築師覺得，既然這裡會面對死胡同，就更應該做一扇纖細的窗戶，室內就不會有「窮途末路」的感覺，而且還成為極佳的採光來源。

1 2 一樓乃屋主的私人空間，整體空間僅通過白色布簾的設置來取得私密性

3 白色布簾有效將樓梯及儲藏空間區隔開來，不使用時則讓空間取得開放感

4 5

4 客廳的中央天花板較低，但兩側
皆擁有整面窗戶用作為窗臺和陽
臺往外延展，增添了一種漂浮感

5 廚房尾段設置的長型窗戶，為該
空間帶來額外採光

6 打開玻璃推拉門，便能在此朝下
看見河流，朝上看見無際的天空

在建材上，水石浩太以木料為主以「結構牆」為重點設計。而多虧了「收進線」的限制，才設計呈現了三面性的屋頂，使得室內空間達到最大化。二樓空間則另建造了閣樓，作為孩子的房間。但為了閣樓空間，天花板變得比較低。要補強這一點，建築師則在閣樓兩側設計了大窗戶，沒有框架、可全面開放，窗臺和陽臺的無縫連接使得空間有一種漂浮感。

6

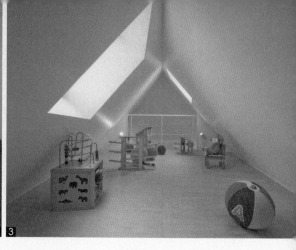

原是一家三口的屋主，在住宅施工期間，卻發現妻子懷上了第二胎！對於建築師而言，這真是措手不及的消息。水石浩太說：「天啊！雖然他們一家四口可以安然住在這裡，而因為兩個孩子都是女兒，遲早會有尷尬的時刻……但是我已經盡力去創造最大的空間，而他們也認為一旦無法生活在這間房子的話，便會將它賣掉。考慮到總土地及建築面積，我們都認為『河畔宅』已經成功超越了它原本的價值。」

聽起來好像有點可惜，但以目前的狀況而言，水石浩太至少為屋主設計出了各種不同的空間，讓一家人能在這裡找到享樂之處。

「我一開始就想證明，即使一個年輕家庭面臨了有限預算和小型土地的困難條件，他們依然能住進一個舒適，美妙的房子裡。」他說，「河畔宅」是絕對辦到了。

1 浴室

2 住宅二樓的另一端被屋主作爲書房之用，遠離了廚房的油煙味

3 閣樓的空間雖然小，但是藉由兩邊的窗戶，擁有了大量的自然採光兩旁與欄杆圍合，確保了孩子的安全之餘，也讓大人們能在樓下空間也能察覺到孩子們的動靜

4 餐廳和廚房位於西面，占據了最大的空間，而且挑高的天花板讓人感覺像是在屋頂上

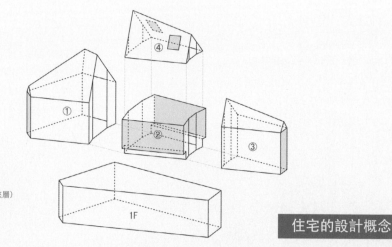

1F盥洗室＋主臥房

1廚房及飯廳（2F）

2起居室（2F）

3書房（2F）

4閣樓兼孩子房（2F夾層）

5藍色的區塊為窗戶

住宅的設計概念

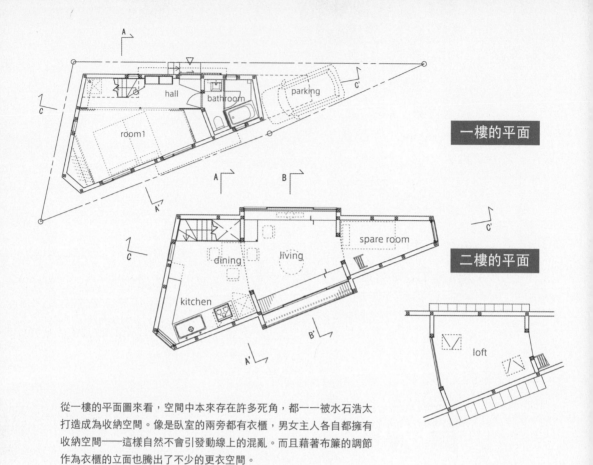

一樓的平面

二樓的平面

從一樓的平面圖來看，空間中本來存在許多死角，都一一被水石浩太打造成為收納空間。像是臥室的兩旁都有衣櫃，男女主人各自都擁有收納空間——這樣自然不會引發動線上的混亂。而且藉著布簾的調節作為衣櫃的立面也騰出了不少的更衣空間。

二樓起居室空間的兩旁都安置上大型窗戶，除了讓該空間擁有充裕的自然採光外，同時也為左右兩側的空間來帶間接式的光線。

另外基於大型窗戶的設置占去了可用作櫥櫃的牆面，建築師於是在窗沿下裝設低矮的置物櫃，同時還能作為座位。

水石浩太 Kota Mizuishi

1973 出生於日本大阪府
1997 畢業於橫浜國立大學建築系學士
2000 畢業於東京藝術大學建築系碩士
2000 就職於袴田喜夫建築設計室
2003 共同設立TKO-M.architects
2009 設立水石浩太建築設計室
www.miz-aa.com

Q A

Q 過去50年來，日本住宅設計有什麼變化？

A 電腦技術的進步，使得各種建築形式及模擬程式都變得非常容易啟動。此外，家庭的組成也有很顯著的改變，從傳統的多代同堂，轉換成為小家庭或個人主義色彩的家庭。而在住宅風格上，則從地域性變成以現代化為目標，反而變得乏味、沒有變化了。

Q 科技的日益發展，是否對住宅設計有所衝擊？

A 當然有。主要是有關電腦的技術。還有，材料的性能也提高了，而且我認為生態建築的技術影響也很大。

Q 人們對激進設計的接受度是否已經更開放？

A 是的。屋主已經逐漸喜歡更獨特、個人化的房子。現在他們可以通過網絡和雜誌獲得來自世界各地的建築資訊。

Q 環保是否成為了住宅設計的一環？

A 它的影響是挺大的。很多與生態相關的產品已被開發，屋主都對它們非常感興趣。而蓋一間具備生態性能的房子早已被立法，更有資金上的補貼。然而，法律條例還依然繁多，程序非常複雜，我認為這是一種麻煩，只有徒增業務上的問題而已。

Q 傢俱是否比過去變得更重要？

A 是的，特別是對我來說。我不認為傢俱應該與建築有所區隔。傢俱應該要與建築結合，增加居住的觸感。

Q 好的住宅設計關鍵是什麼？

A 不需要決定一切。意味著替屋主預留空間來制定自己的生活方式或未來的變化。具體來說，即便是面積再小，為房子預留一部分沒隔間的空間是很重要的。它應該要能被連接以達到靈活性。最重要的是，我不會為這樣的空間制定功能，也不會限制屋主對空間運用的想法。另外是周邊環境的連結，我認為住宅的內部設計要有一種就算不處於室外也能與外界的人、環境產生連結的感覺。

Q 你認為未來的住宅設計會有什麼樣的發展？

A 我認為會更有永續性，對全球環境生態有更多的考量。不過，我不認為這是唯一重要的部分。日本一向都在用生態學來推動社會性消費。因此，它也一直都偏離了生態學真正的意義。我們應該對房子的基礎部分採取更謹慎的設計，因為這裡才是人類居所的重心。

Q 2011年的東日本大地震是否改變了你的設計手法？為什麼（不）？

A 當然有。我很清楚每一棟建築的弱點及身為建築師的責任感。不過，我也瞭解，即使我做了堅強的結構，選擇了最佳的地點，做了抗衡災難的措施，建築仍然是有可能被摧毀的。雖然如此，最終人們還是會相互扶持。最重要的依然是人與人之間的關係。我認為未來的重點是，地域性建築將能重建社會與家人關係。

Q 日本的年輕的建築師似乎有越來越多的跡象。你認為其原因是什麼？

A 我認為這是由於電腦技術和網絡改善後所造成的。電腦將讓引用、分享設計和圖像變得更容易。而網絡則讓獲得建材和產品資訊更方便。電腦技術和網絡都成了影響力巨大的商業工具。我也認為現在的年輕人非常容易成立自己的公司。

Q 你應該是屬於年輕建築師的一群。相對來說，年齡是否影響你的工作量呢？

A 有的。在大型的設計比賽中，經驗往往成為參賽的條件。我認為，詢問有關建築師的個人經驗是一種安全感的心理因素所致。

09

House I
集「盒」宅

所在地 日本秋田縣
建築師 高木貴間建築設計事務所

保有隱密性一向是日本建築最重要的考量。最直接的方法是讓活
動空間保持在室內。而籠罩在北方氣候的人們也多在室內進行活
動，因此建築走向「封閉」已經是必然。

然而太過於封閉的建築，會造成封閉的生活空間。
建築師高木貴間所面臨的，正好是這樣的局面。

②③

1 築地位於都市機能十分密集的秋田市中心，且周邊被停車場包圍著，讓這住宅如今成了搶眼的建築

2 3 為了確保私密性，建物師打造一個既封閉但能讓生活的多姿多彩，不被束縛且開放式的空間

4 主屋對外開口不只1道門，卻都隱藏在不起眼的通道間

在隙縫空間中找到家的風景

建築師高木貴間受朋友的委託重新設計住宅的格局。這塊位於秋田市中心的建地，周邊就有各式城市公共設施，外在條件還不錯。但煞風景的就是這裡有多個停車場緊緊包圍著這塊地，完全沒有緩解或遮掩的地方。

考慮到住宅的4面空間都有可能暴露在外，於是屋主便想把空間隔成兩種不同的性質，一種是有門的設計，另一種是「開放式單間」的設計。同時高木貴間也提出了「捨棄門面」的設計概念。

「首先，我們列出清單，將所有室內需要的設施，例如廚房、浴室、廁所、臥室及儲藏室等，一個個作成箱狀。」高木貴間解釋說，「然後，我們利用堆集手法將這些箱狀設計作出大小不同如摺疊般的『縫隙空間』。這些『縫隙空間』組合而成的交錯結構，讓整個建築有了深度，產生了比肉眼所見的更多空間的錯覺。」

其實「集『盒』宅」的設計並非來自複雜的概念。高木貴間僅採用了兩項簡單的規則：首先，需要處於室內的空間保留在箱子內，而其它的空間則安置在箱子之間的空隙；再來，透過兩種規則的交互運用，建築就產生了交錯的結構，也製造了一種廣闊的空間感。

例如，LDK或是工作空間等這些無須關上房門的房間，就可採用「縫隙空間」去配置，讓房間成為機能柔化且無分節的單一空間。

高木貴間說：「這棟住宅雖然只用『需要關門的房間＝箱子』，『無須關門的房間＝箱子的縫隙』的單純規則來設計，但這樣的效果所衍生出的空間卻讓視覺變得更為寬廣，而且表情更為豐富。」同時，這樣的設計原則還能減少住宅建造的成本。

一般日本住宅之所以大量採用木造，多是成本上的考量。但採用木造建築時則必須詳細計畫難度較高的「軸組工法」*。日本木構造住宅，可以分為軸組式構造住宅和壁式構造住宅兩大類，前者所使用的就是軸組工法，又可以細分為，傳統木構造法、常規軸組構法、集成材構法以及圓木組構法。基於上述理由，建築師所選擇的箱狀堆積手法就能解決此問題。住宅四周既不會太封閉，又成功打造住宅內部的開放式空間。

另外，高木貴間在箱形建築的內外牆面上切出大大小小的方框，並讓它們相互重疊。因此內外視覺上看起來像是鏡子的組合，映照出各式風景，隨意地遊走在其中，彷彿正在進行一場跨國度的旅行！

「集『盒』宅」的成功完全實現了建築師高木貴間的初衷：「若能把強勢的規則及美滿的生活兩種向來都是對立的要素落實在一個解法上，這兩者可能還是可以並存的。」

1 純白和木質的裝潢組合，為空間帶來祥和性

2 一樓廚房，之上的空間就是另一個箱形臥室

3 鄰近廚房外的半戶外空間，當作飯廳使用別有一番用餐風情氣氛

4 5 二樓的開放式辦公空間，位於臥室之外，讓臥室空間能保持著單純的睡覺功能，不會受各種家電的訊息所干擾

6 白牆構築的方寸之間，也能覓得一片遠離紛擾市景的居家角落

*日本木構造住宅，可以分為軸組式構造住宅和壁式構造住宅兩大類，前者所使用的就是軸組工法，又可以細分為，傳統木構造法、常規軸組構法、集成材構法以及圓木組構法

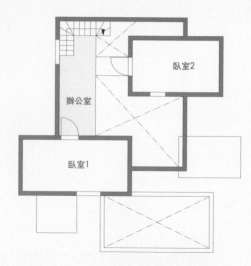

廚房

廁所

浴室

門廳

玄関

空間1

空間2

空間3

庭院

辦公室

臥室2

臥室1

住宅的平面

空間1是靠近玄關處的封閉式空間，正好能作為一些戶外用具的收納，像是單車、汽車維修工具、庭院工具、甚至是雨具等（借用二樓的空間剛好作為遮蓋），這樣一來就能讓門庭僅作為鞋櫃、玄關衣櫥等功能以減少混亂。

空間2則距離戶外庭院最近，是庭院用具的收納處。像是在冬季的時候，那些不防水的戶外傢俱和吊床都能收納於此。另外，因為空間設計的開放性，還可依屋主的生活機能另作靈活運用，像是作為閱讀空間也不錯——若想要到庭院坐坐，便能拿起想看的書來到這裡，同時享受戶外的氛圍。

而最靠近廚房的空間3也有不少的用途。除了可作為置物區，還能當飯廳使用。這裡就像是餐廳特設的包廂，當屋主邀請多位客人來用餐時，就可以將這塊空間作主題佈置，不但讓客人感受到別致的氣氛，也能遠離廚房的油煙味。

另外，雖然庭院獨立於室外，但是藉由部分牆壁的圍合，還是保有著私密性。

特別的是，建築師高木貴間將工作區設置於二樓的走廊中，這樣臥室空間就能保有單純的睡覺功能，不會受各式電子產品干擾。而臥室2雖然在採光上比不上臥室1（因為唯一的窗戶是往室內而開），但是作為客房或者是單純的置衣間卻很足夠了。

高木貴間 Yoshichika Takagi
1975 出生於日本札幌市
1998 畢業於北海學園大學建築系
2000-01 就讀於英國AA建築學院
2001 任職於N Maeda Atelier
2005 任職於Sekkei-sha inc.
2005 任職北海學園大學客席講師
2010 建築評論新銳建築獎第二名
yoshichikatakagi.com

Q A

Q 過去50年來，日本住宅設計有什麼變化？

A 我是在日本北方的北海道札幌長大的，到現在還是在家鄉做設計。札幌的冬天積雪深厚，冷得不得了。以前的住宅非常的寒冷，但住宅的性能在近20年左右有了極大的改變，像是隔熱技術就整個往上提升了。

Q 科技的日益發展，是否對住宅設計有所衝擊？

A 技術上的發展能讓許多事情變成可能。現在，北國也能設計有如南國般不會冷冰冰的房子。不過，反過來說卻導致了「喪失地域感」的後果。現在不管到日本任何的地方或都市都看得到相同設計的建築。我覺得，地域性的問題似乎是逐年不斷地擴大。

Q 人們對激進設計的接受度是否已經更開放？

A 我倒不這麼認為。

Q 環保是否成為了住宅設計的一環？

A 在北海道，所有避寒措施中的「隔熱」是非常重要的。就結論而言，只要提升了隔熱機能，住家就能節省能源。從北海道的設計對環境問題所帶來的影響是潛在性的，或許也意味著北海道是世界先驅的地域之一吧。

Q 傢俱是否比過去變得更重要？

A 對於作為連結建築和生活最重要的一環來說，重要度確是有提升。

Q 好的住宅設計關鍵是什麼？

A 重點是，所有的事情是否是必然性的存在。

Q 2011年的東日本大地震是否改變了你的設計手法？為什麼（不）？

A 現階段，設計本身並無受到影響。就地震而言，過去針對地震所作的準備已經相當足夠了。不過，對海嘯和輻射線方面來說，建築還是無法做到具備防空壕的機能。而我們需要因應海嘯和輻射線作設計嗎？我想房子不會蓋在那種危險的場所才是前提吧。

Q 你應該是屬於年輕建築師的一群。相對來說，年齡是否影響你的工作量呢？

A 不管在任何年代，年輕的建築師總是受人矚目的。不過近幾年建築師的人數激增倒是真的。或也可說是沒有一個引領新展望的領導者吧。因為有領導者的話就會獨攬所有的矚目。我認為，過去的時代曾經存在過這樣的領導人物。

東京・板橋區

House in Jigozen
防洪宅

所在地 日本東京 板橋區
建築師 Suppose Design Office

Suppose Design Office的首席建築師谷尻誠是個不多話的人。
但眾多的建築作品卻為他的想法及概念作出了「無聲勝有聲」的
表達。

住在東京板橋區沿海的屋主自稱是谷尻誠的「忠實粉絲」，從幾年前就開始觀察谷尻誠設計的住宅。而這次決定找谷尻誠替自己一家三口打造的住宅，亦與「House I」（案例09）有異曲同工之妙。雖然是木造住宅，卻可以隨喜好、透過大小與位置不一的窗戶欣賞到超級海景。

建築師的「防洪」概念，猶如屋中屋

會呼喚「海景」的房子

谷尻誠說：「我相信人們或許可從『所有』有關連性的東西（包括人與人的關係）中，以及在『相對的』空間探索中，看到未來的建築形式。」

此一設計概念的能夠實踐，關鍵在於建築本身以及「開口」的部分是跟屋主一起決定的。「要告訴屋主這是有可能的，這點很重要。」谷尻誠說。

另外，這塊沿海地並非一開始就是完美的、引人入勝的，反之處處充斥著地理位置上的隱憂。「雖然周邊的海景是如此地美妙，但容易遭受自然災害的破壞，這類最壞的打算一直存在，特別是在颱風季節。」谷尻誠解釋，「如果我們回顧過去，會發現這裡有許多曾經被暴風雨、洪水等所引發的災害侵襲過的跡象。因此，我們就有必要為屋主設計一棟能讓人安心的住宅，而且要在一開始作設計時就首先考慮這些自然災害。」

首先，谷尻誠就思考著一種全新的結構，特別著重在「室內與室外間的界線」。而經過結構工程師、施工者及設計師團隊聯合進行的縝密計劃後，創造出了「半戶外空間」的設計。

此一設計的特點在於創造了由內到外的漸進式空間，空間中的一個平臺可同時被視作是一間內室、陽臺或戶外，而在空間裡可能會出現的物品，如書、畫、書房或者浴缸等，都可以被放置在這個內外之間的「中立」場所裡。這樣的空間也能滿足連接建築外部與內部的角色，成為了不同戶外自然現象的緩衝區，有效解決「隱密性」與「開敞性」相對矛盾的空間問題。

谷尻誠說：「在使用木料作為主要建材時，我採用的建築工法的選擇性也較多。」一般來說，木造結構的房子多要用到樑、柱子、以及副撐臂來抵禦地震。儘管如此，建築師卻在這裡採用了不同的方式。谷尻誠將柱子和副撐臂的位置對調讓前者看起來像後者，反之亦然。當柱子呈斜對角安裝形成一個簡單的框架就不會阻礙住宅的開敞性。

另外，在尋找不同空間呈現方法的可能中，不管是室內與室外之間，或是柱子與副撐臂之間，谷尻誠最終找到的答案實現了住宅與周邊自然環境之間的融合。谷尻誠說：「我相信人們或許可從『所有』有關連性的東西（包括人與人的關係）中，以及在『相對的』空間探索中，看到未來的建築形式。」

1 從樓梯一上來，二樓的 LDK空間變一覽無遺

2 調節空間感及室內溫度的推拉門

3 不同材質的色調的地板成了分隔內外空間的元素，深色底板則代表了「陽臺」，淺色的木制材質則是客廳，這種獨特的視覺分隔方式成了這裡的亮點之一

3

1

日本新式住宅的設計或者並不是表面上所看到的那樣激進。以「防洪宅」為例，就是建築師在舊有習慣中發現新思維的作品，一貫地呈現了在傳統中找到新氣象的日本設計精髓。

建築師谷尻誠的「防洪」概念就像是屋中屋，基本上就是在室內圍起第二層牆面。而採用了推拉門式的裝置則創造出「半戶外空間」的效果。

住宅的剖面

客廳
飯廳
廚房

第二空間

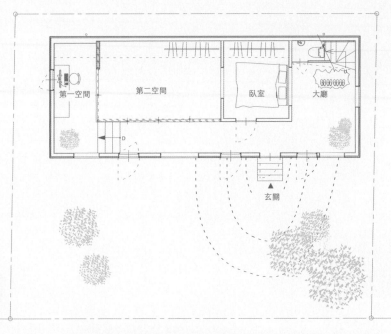

第一空間　　第二空間　　臥室　　大廳

D

玄關

一樓的平面

谷尻誠巧妙地將廁所設置在樓梯的死角下，因此騰出了大量的空間作為門庭，也增加了臥室的空間。

　　而最需要私密性的臥室，則全部以木質牆面圍合，並以壁櫥的設計作收納衣服的空間，窗戶（其實為大型的開口）的設置也沒有被忽視。

　　另外，圖上所謂的第二空間，雖然沒有預設用途，但是與旁邊的第一空間類似，設有大量的置物及活動空間可作為工作區。而因為大部分的牆面多以推拉門圍合，私密性可自行控制，同時也有助於保暖及通風的調節。

1 淺色木質材質成了飯廳和客廳使用的主要色調，它不僅給人一種通透明亮之感，也使得空間看上去更加寬敞

2 3 一扇扇大小不一的窗戶設計，提高了整體的自然採光

2 3

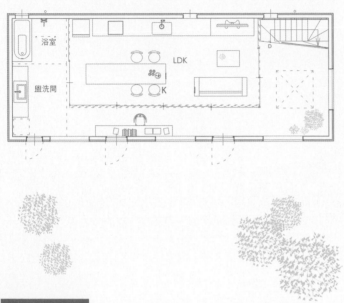

浴室

盥洗間

LDK

K

D

二樓的平面

將LDK設置在二樓的視野很寬廣。這裡能享受到「無敵海景」，特別是在用餐時，感覺更像是在度假中。另外，谷尻誠還建議在走廊上置放書桌，因此不論是在工作或閱讀時都能沐浴在海景中。而最大膽的設計莫過於二樓全面開放式的浴室及盥洗空間了！這裡所有的窗戶都面向海，因此不需要太擔心私密性的問題了。

1 全面開放的浴室和盥洗空間，靠推拉門來區隔

2 天窗的設置，讓空間擁有自然採光，不管淋浴還是泡澡，都感覺像是在戶外一樣

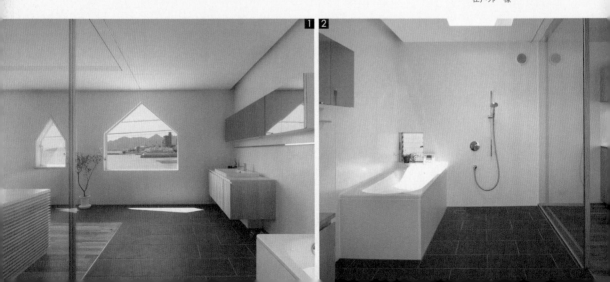

1 **2**

谷尻誠 Makoto Tanijiri
1974 出生於日本廣島縣
1994 畢業於廣島穴吹設計學院
1994-99 任職於本兼建築設計事務所
1999-00 任職於HAL建築工房
2000 設立Suppose Design Office
2012 任職穴吹設計學院客座講師
www.suppose.jp

Q|A

Q 過去50年來，日本住宅設計有什麼變化？

A 太過要求合理化而導致缺乏豐富性。

Q 科技的日益發展，是否對住宅設計有所衝擊？

A 因此有更多的選項。我們更有機會去使用適合的工法及技術。然而，單從現有的選項去選擇也是個問題，而像過去那種「無中生有」的創意及本質仍然也很重要。

Q 人們對激進設計的接受度是否已經更開放？

A 我不覺得。無論任何時代都應該要創造更多使人驚奇的事物。

Q 環保是否成為了住宅設計的一環？

A 有的。光從事實上來看，「環境」究竟是什麼？現在應該是思考這個問題的時代。

Q 傢俱是否比過去變得更重要？

A 上升中。

Q 好的住宅設計關鍵是什麼？

A 可能跟大自然一樣，沒有完工的狀態吧。那種日復一日、年復一年愈來愈接近完工的建築，應該擁有跟大自然一樣的美。

Q 你認為未來的住宅設計會有什麼樣的發展？

A 我想無論是10年後、100年後，也會一直思考如何邁向未來的。同時，也會一併思考過去的建築的意思吧。

Q 2011年的東日本大地震是否改變了你的設計手法？為什麼（不）？

A 我還是會一如往常。不是有什麼發生了才做改變，而是無時無刻思考著建築。

Q 日本的年輕的建築師似乎有越來越多的跡象。你認為其原因是什麼？

A 應該是媒體的影響吧。現今日本的新建築數量很多，年輕世代傾向於增建住宅，而委託年輕設計師的案子也增多了。

Q 你應該是屬於年輕建築師的一群。相對來說，年齡是否影響你的工作量呢？

A 我在這11年裡設計了將近100件的住宅。因為這樣，我想在建築上的重點也很明確的表現出來了。住宅設計跟屋主的溝通非常重要。我認為在建造住宅的同時，也必須將住戶們彼此的關係計算進來。

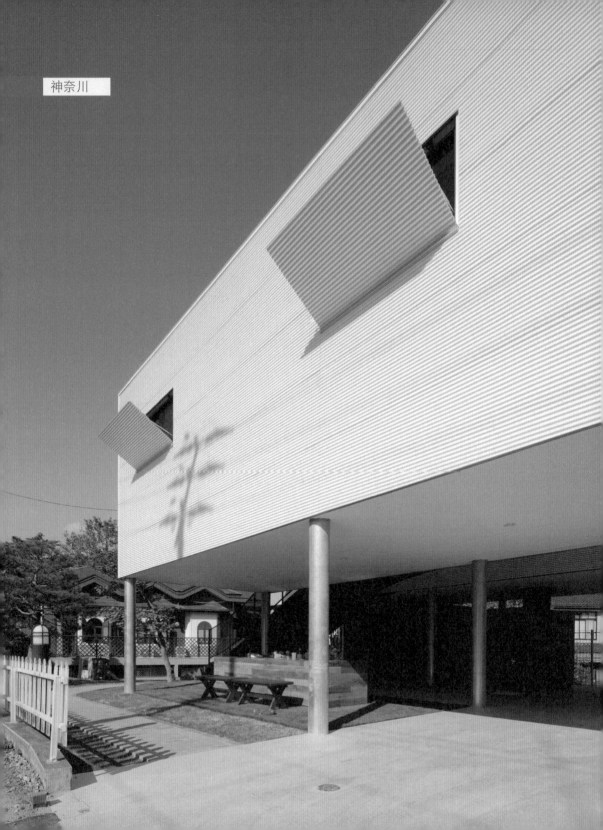

KKC
走道宅

所在地 日本神奈川
建築師 no.555建築事務所

三代同堂本來就是在亞洲區的一種根深蒂固的家庭文化。但在近
代日本，這樣的家庭關係卻漸漸發展出「變形」的居住模式。特
別是出現在比較有經濟能力的家庭中。

對於「KKC走道宅」的屋主而言，三代同堂的概念，並不是一定要住在同一屋簷下，就像是，延伸到「同一庭院」，也不是一件壞事。而屋主所擁有的那塊土地正好就位於父母的住宅前方。

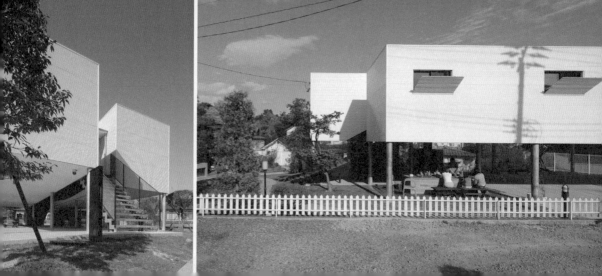

1 2

從一分為二的空間中找到「家」的新核心

雖然這塊四周被茂密的樹叢所包圍的建地並不小，但是考慮到一家人
（包括父母在內）共有的8輛車，no.555建築事務所首席建築師土田
拓也首先就決定將住宅架高，以確保有足夠停車空間，同時也可保留
原有庭院的舊觀──這也是屋主一家人十分重視的訴求。

　　為了能充分享受到庭院空間，停車場的一角還鋪上人工草皮，上面
設置了餐桌，就變成了兩個家庭共同使用的場所。任何時間只要準
備麵包及茶點，很容易就能聚在一起享受天倫樂。

　　土田拓也接著將架高的住宅切成兩塊空間，中間則設計成綠色的中
庭式走道可直通雙親的住家，同時又可當作是住宅專屬的庭園。而中

庭式走道的設計還有另一項用心。建築師刻意打造了起伏的地板，並鋪上自然草皮，讓屋主一家可重溫兒時經常到附近的樹林小路間遊玩的美好回憶。

「我原先是為了屋主的小朋友們特別設計的，但是完工之後，不只是小朋友，連大人們都一邊喝著葡萄酒，一邊拿著高爾夫球桿在此悠閒地消磨時光。」土田拓也說，「這景象讓我印象非常深刻。」

中庭走道的設計的確增進了家人之間的良好互動。而設在二樓的起居空間結合室內及室外的概念雖然避開了周圍的視線，形成較高的私密性，但像這樣把臥室／LDK空間一分為二的設計，對生活起居不會產生隔閡嗎？

土田拓也認為不會，因為這兩塊空間分別有其獨立的功能。其中一邊的空間是公共功能區：設置有起居室、餐廳及廚房；另一邊的空間則全是臥室。雖然臨街立面上的窗戶都作了隱藏設計，但中間走道的牆面都裝上了落地玻璃帷幕牆。像這樣另類的半開放空間設計，可為室內空間引進充裕的自然光線，又可讓家庭成員隨時都在彼此視野範圍內。「走道宅」的設計由外到內一致呈現全新而自由的相處模式。

「在這個親子關係容易發生摩擦的現代，我覺得這樣的設計可以藉著建築的形體創造家庭成員的良好關係。」土田拓也這樣說。

1 孩子在半開放的起居空間中嬉戲，父母可以隨時關注

2 廚房除了有來自玻璃帷幕牆的大量採光，天窗也為較隱密的該空間帶來更多的自然光

3 一分為二的空間中鋪設了像山中小徑般的走道

4 孩子房

5 從孩子房也能看見另一邊LDK的動靜

6 浴室

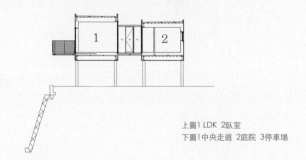

上圖1 LDK 2臥室
下圖1中央走道 2庭院 3停車場

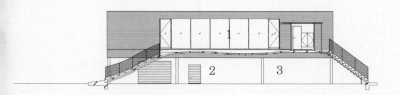

簡單地說，「走道宅」就是由兩大長方形的空間結合起來，並在之間
分隔出一條走道。這種形式的住宅與一些亞洲原住民的「長屋」非常
相似，可說是一種現代的演進版本。

　戶外用餐區的概念固然好，但為了方便餐具的取用，而貼心設計了
收納的空間，還可以放置餐桌椅等戶外用具，以備有較多的客人到訪
時，讓大家都能共同享受到戶外的環境。

1 2 長屋式的設計雖然
看起來封閉，但是打
開窗戶後，便能達到
採光和通風性

3 觀景露臺

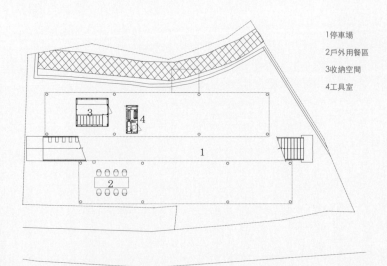

1停車場

2戶外用餐區

3收納空間

4工具室

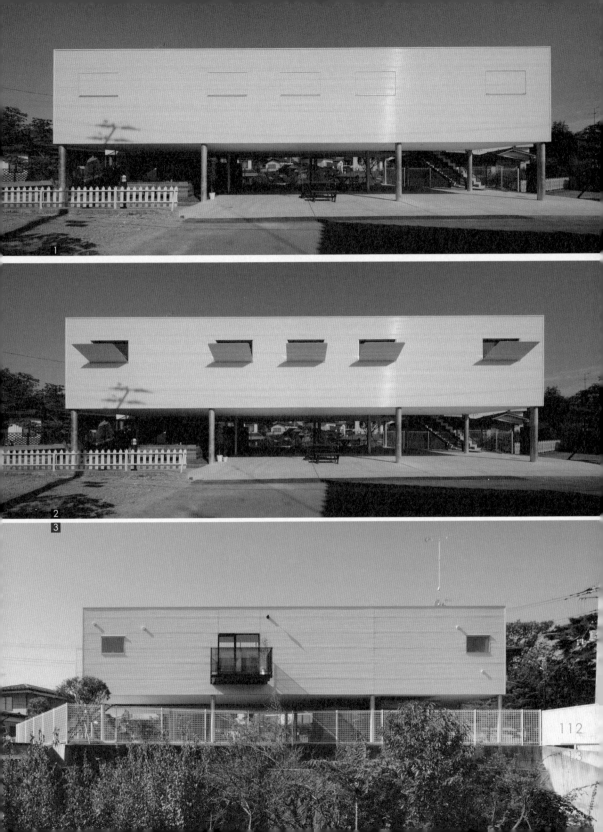

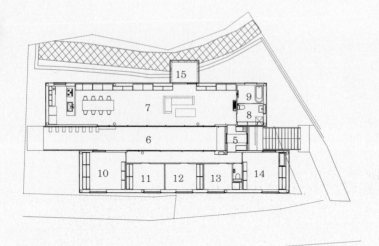

二樓的平面

　　玄關（5）設置了許多可以儲藏及收納的空間。在走道盡頭右側的地方，也有小小的置物櫃，可收納包括高爾夫球類的玩具。

　　廚房（7）位於住宅的最尾端，正好在玻璃幕牆之後，光線比較不充裕，因此土田拓也在此設置了天窗。

　　為了保持LDK（7）空間的通透性，所有的收納都以壁櫥的形式設置。

　　孩子房（11、12）與起居空間有著一段距離，或許孩子一回到家就會往房間跑，但所幸用餐區和盥洗區都在另一邊的空間裡，動線上孩子必定要通過玄關，進入LDK空間內。而落地玻璃帷幕牆的設計也讓屋主對於走道上的活動一覽無遺。

　　顧及到客人的方便，廁所（13）設置在最靠近客房的邊間，可以跟其他房間一起共用。

　　住宅旁邊就是一座小型的公園，因此再從LDK延伸出去一個觀景陽臺（15），讓一家人就算窩在起居室的沙發上，也可以俯瞰窗外的風景。

土田拓也 Takuya Tsuchida
1973 出生於日本福島縣
1996 畢業於關東學院大學建築系
1996 任職於前澤建築事務所（至01年）
2003 任職於TNdesign（至05年）
2005 設立No. 555建築事務所
2009 憑「IDY」建築計劃獲得GOOD DESIGN AWARD
www.number555.com

Q|A

Q 過去50年來，日本住宅設計有什麼變化？

A 我想，好東西是不分現在與過去的，只不過平均值會往上提升。我認為建築師和屋主皆是如此──並非是一味地追求合理性，而是開始會去要求內容的豐富性。

Q 科技的日益發展，是否對住宅設計有所衝擊？

A 過去運用在建造大樓或是工廠的技術，開始使用在住宅這種規模較小的建築物上，這樣不單屋主多了自由選擇，對於現成物設計* (ready-made) 的概念也有了不同變化。

Q 人們對激進設計的接受度是否已經更開放？

A 屋主的知識水準已經提高許多，對於刺激感官的設計會比較容易接受。不過，並不是刺激性越高就越好，現在的屋主所追求的是「這些設計是否為合理且判斷正確」這類的正當性訴求。

Q 環保是否成為了住宅設計的一環？

A 我覺得反而要更積極地做才對。像是隔熱、通風等，節省能源已成為非常重要的課題。

Q 傢俱是否比過去變得更重要？

A 我覺得非常重要。

Q 好的住宅設計關鍵是什麼？

A 我想應是柔軟度及自由度吧。

Q 你認為未來的住宅設計會有什麼樣的發展？

A 今後的日本即將進入建造住宅的成熟期，在某種程度上，我想應該會走向讓屋主本身自由地照自己的喜好去打造、訂製建築物的時代。因此，我認為建築師必須去解讀屋主的本質，並且應該給予屋主最大的自由度才對。

Q 2011年的東日本大地震是否改變了你的設計手法？為什麼（不）？

A 無論再怎麼去提高耐震性，終究還是會遭到大自然的破壞。所以，不要去抵抗大自然的力量，順著大自然的節拍、律動去行事才是必要的。不是嗎？

Q 日本的年輕的建築師似乎有越來越多的跡象。你認為其原因是什麼？

A 正確地來說，年輕的建築師已經開始減少了。年輕的建築師似乎只是受眾人矚目而已，我想，這可能是因為網路抹消了年齡、國家的屬性所造成的影響吧。我認為今後所有的事物會發展成無國界的狀況。

Q 你應該是屬於年輕建築師的一群。相對來說，年齡是否影響你的工作量呢？

A 重要的並不是數量，而是對自己的工作抱有熱忱以及能否和有概念、能理解的屋主一起工作。這些，應該是自己本身的姿勢與態度問題。

*現成物設計（ready-made）：簡而言之是對大量生產、物質過剩的批判與反思。對現代設計的影響有：消費者與設計師的角色的轉換、產品語意的消逝、現成物的想像與轉換、設計思維在產品歷程上的延伸思考、形式的消耗與再生的銜接。

Layered House
分層宅

所在地 日本北海道
建築師 五十嵐淳

北海道佐呂間町的老城區東邊，有一塊位於道路北邊的建地，與
建築師五十嵐淳有著久遠的淵源。

「我們在研究這個住宅時，對於內部與外部的多樣性連結空間，
覺得有太多可探討的地方。」建築師五十嵐淳說。

五十嵐淳覺得，這次的計劃重點應該放在構築外部與內部之間的聯繫。特別是新宅後方往南延伸的室內空間，以及該空間與外面小庭院之間的連結。

而最終的定案，五十嵐淳坦言，是出自於瞬間：「突然，我腦中就浮起一個最簡樸的平面及斷面設計，我感覺這是最好的設計方法。」

結合三種層次感，堆疊光與影的家

1 細長的走廊中，以天窗來採光

2 充滿層次感的空間設計，藉由
布簾的調整，達到所需的採光
和通風效果

這塊建地的北邊是交通繁忙的街道，東邊是一座合作社農場，西邊則是一間倉庫，而南邊正是屋主父母所居住的房屋——恰巧地是受委託的建築師五十嵐淳的父母所打造。屋主也是五十嵐淳的老朋友。對於五十嵐淳而言，能為老朋友一家四口建造新宅，是件印象深刻的事。

這塊總面積為150平方公尺，兩層樓的住宅，呈現一般常見的方形，狀似非常封閉。面對著大路的立面，僅能看見住宅的入口和車庫。走進屋內，只見長廊延伸至挑高的客廳／飯廳。後方則是朝南而建、可供家人休閒及放鬆的小庭院。

為了讓小庭院和室內空間能相互調和，建築師分層式地，由內到外，由高到低，規劃出三個空間：第一層是客房兼書房，第二層是日光室（sunroom），第三層則是緣側（開放式外廊，傳統日式建築特有的設計），用這三種空間作為住宅的緩衝地帶。

充滿層次感的設計，從外至
內依序為緣側、日光室、客
房兼書房

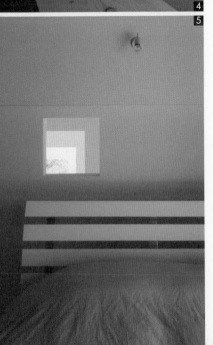

「一棟建築絕對並存著外部及內部。」五十嵐淳說，「聯繫外部與內部的就是緩衝空間。這個緩衝空間的核心裡有各種無限的可能。」

3個空間簡潔地規劃出不同功能。五十嵐淳再運用輕薄透光的棉織窗簾來區隔，半開放空間的視覺感十足。這些窗簾還可調整空氣流動和溫度，並讓光線從這3個緩衝空間變化成擴散光，形成類似和室拉門效果的柔和光線。

這樣充滿層次感的變化，讓住宅進一步成了線性的集合，隨著時間的推移、外部條件的變化而實現自我更新及成長。五十嵐淳稱，將所有生活必需功能安排在住宅前方的理由，就是為了讓留白的面積成為可靈活運用而開放的生活空間。

這樣的設計概念，一直是五十嵐淳所熱衷的模式，從早先的Rectangle of Light（光之矩形）以及House of Trough（相間之谷）、Light（airlight）/Heat的環境規劃案中都出曾出現過。

這些有層次感的塊狀結構，大量將自然光線擴散至室內的生活空間內，充分運用了「被動式節能」*的概念。而採用軟木搭配的單一色調，則為室內空間增添了寧靜的氛圍，與室外景色形成強烈的對比。

考量到施工及成本的限制，五十嵐淳在簡化構造及工法上下足了工夫，並採用工業製品作為素材來補足成本問題。

為進一步突顯庭院的重要性，建築師五十嵐淳將住宅的兩側外牆（東西面）以及住宅正面（北面）設計了半封閉式的結構窗孔，而南面則是穿透性十足的一整面玻璃推門設計，使庭院的美麗景觀毫無阻礙地映入眼簾。五十嵐淳用簡單的概念及巧思，加上跳脫以往思考的動線設計，使他成為日式設計新風格的先鋒。

1 輕薄透光的棉織窗簾

2 擴散到室內各角落的自然光線實現「被動式節能」概念

3 廚房的開口面斜對著飯廳，讓屋主在廚房裡也能看見飯廳的狀況

4 **5** 二樓臥室雖然僅擁有「休息」的功能而已，但是卻以不同的開口設計，創造採光與通風性

*被動式節能：在不利用人工能源的基礎上，依然能夠使室內能源供應達到人們正常生活需要。

從剖面圖來看，分層宅的設計概念有三：第一個是客房兼書房、第二個是日光室（sunroom）、第三個則是緣側，以這三個空間作為住宅的緩衝地帶。

　　而孩子房的位置非常靠近玄關，所以孩子們一回到家就常會直接上樓，間接地影響親子間的互動關係。然而孩子們的書房被巧妙安置在房子的最裡面，當孩子需要寫功課或閱讀時必須經過客廳及飯廳，就可以增加彼此接觸的機會了。

　　這就是建築師五十嵐淳為何預留了大塊「留白」的空間，連臥室也僅能「睡覺」用的原因了。

　　再來，為了讓孩子更熱愛閱讀，五十嵐淳便在書房的旁邊設置了大型的壁櫃，書房上頭還有一間小小的閣樓。書房內有小窗戶，閣樓上也有大窗戶，而壁櫃的窗戶則位於下方，不但讓孩子們有一個光亮的閱讀空間，也提供室內充裕的採光。

以推拉門式地將戶外和室內進行分割，即時在天冷時也能在室內享受到戶外的氛圍

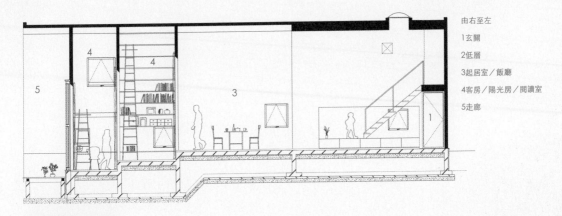

由右至左

1 玄關
2 低層
3 起居室／飯廳
4 客房／陽光房／閱讀室
5 走廊

住宅的剖面

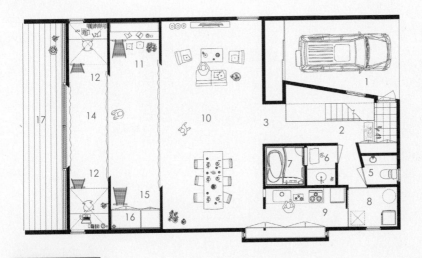

由右至左
1 停車場
2 玄關
3 大廳
4 低層
5 廁所
6 洗手臺
7 浴室
8 工具室
9 廚房
10 起居室／飯廳
11 客房
12 書房
13 儲藏室
14 陽光房
15 閱讀室
16 陽臺
17 走廊

住宅的平面

另外，從平面圖上則可以查覺到，廚房的位置與起居及飯廳的空間隔開，能減少油煙味。但在視線上，廚房的開口斜對著飯廳，因此在廚房裡張羅菜餚的人，隨時還能跟飯桌上的人聊天。

建築師還使用裝上玻璃的推拉門將後院與室內隔開，即使在天冷時，屋主也能在室內享受到戶外的氛圍。而且藉著布簾可以調整室內需要的光度、溫度及通風效果。

住宅後是一大片的庭院風景，充滿和式美感

五十嵐淳 Jun Igarashi
1970 出生於日本北海道
1997 設立五十嵐淳建築事務所
現任名古屋工業大學客席講師

Q A

Q 過去50年來，日本住宅設計有什麼變化？

A 日本人的文化及價值觀有極大的改變，因此也深深地影響了對於住宅的想法。此外，像是家電產品等科技的進步，也對住宅的細部設計產生了相當的影響。

Q 科技的日益發展，是否對住宅設計有所衝擊？

A 科技與建築有著密不可分的關係，連帶著也會產生很大的影響。

Q 人們對激進設計的接受度是否已經更開放？

A 隨著文化的變遷和意識的成長，對各種不同設計的要求也隨之而來。我不知道那是否該稱為「激進」。

Q 環保是否成為了住宅設計的一環？

A 不但是有很大的影響，那些無視於環境影響的建築，我認為根本就不算是建築。

Q 傢俱是否比過去變得更重要？

A 傢俱是最原始的道具，從以前就和人類有著密不可分的關係存在。所以說，從古早時起傢俱就是極為重要的要素。

Q 好的住宅設計關鍵是什麼？

A 給人很舒適、很幸福的感覺。

Q 你認為未來的住宅設計會有什麼樣的發展？

A 重視每一個不同環境的狀態並反映在形態上，如此一來地域性便會越來越明確。

Q 2011年的「東日本大地震」是否改變了你的設計手法？為什麼（不）？

A 並無特別的影響或是改變。

Q 日本的年輕的建築師似乎有越來越多的跡象。你認為其原因是什麼？

A 因為在日本，年輕建築師設計住宅的機會較多。

Q 你應該是屬於年輕建築師的一群。相對來說，年齡是否影響你的工作量呢？

A 我覺得沒什麼相關。

Montblanc House
雪山宅

所在地 日本岡崎
建築師 Studio Velocity

「沿著路徑,當微微的風穿梭於枝葉間,像是風在低吟,而鳥的
聲音,動物於林中的腳步聲,就像是,我們認為,一種室內的環
境般,一種有別於城市空間或者廣大天空的意境。」建築師栗原
健太郎說。

「又或者，從一個灌木林中找到一個在山腳下城市的景色，或透過樹葉中看見藍天，因此一路走來也會遇到很多這類的景色。」建築師巖月美穗說。

漫步在「雪山宅」，一轉角遇見山景

「當你走在山中的林子裡，你會感覺到彷彿輕輕地被擁抱著，雖然你並不身在任何物體之中。」建築師栗原健太郎和巖月美穗這麼形容居住的意境，而人們是否可以在一個擁擠的住宅區裡創造這類的體驗呢？

在此，建築師所提出的問題，正是日本現代住宅企圖將建築物的外部與內部間的連結性更加完美揉合的概念延伸。而「雪山宅」的建成，也充分地回應了這項提問。

這間就像是擴大版模型的住宅，最明顯的特色便是屋頂牆體上設置的5個窗洞。這些窗洞作為一種「開口」在沒有窗簾遮掩下，模糊了室內外的界線，創造了一種與屋頂一體成型的室外空間。

沿著樓梯往上走，會在不同的轉角遇見「室外」。而這些半室外空間都輕巧地被偌大的屋頂覆蓋，空間中則充滿了陽光和新鮮空氣以及開闊的山景視野。雖然窗洞設計與鄰居們的窗戶有相當大的對比，但「雪山宅」僅顯得獨樹一格卻未與周邊環境格格不入。另外，這一區是相當安靜的住宅區，所以住宅外牆上的大「開口」幸運地並未變成「收音區」。

1 外牆上清晰可見5個窗洞，模糊了室內外的界線

2 4 二樓與戶外相連的陽臺，在室內創造了室外感

3 半室外的空間其實都被偌大的屋頂覆蓋

128

其實，「雪山宅」看似激進的造型並不是特別考究。建築師只是用基本的房型，讓住宅的外牆由低層延伸到二樓去，再將巨大的斜屋頂融入住宅內外空間的設計中。

兩位建築師再解釋說，因建地的四周緊鄰著住宅，所有的窗戶都往外開，無法確保住戶的私密性。而對於屋主一家四口而言，除了要考慮三歲的女兒以及剛出生的小寶寶外，這裡也是他們的營業場所，在二樓需另設置一間小型美容院。因此，建築師還要將客戶的私密性一併考量進來。

而因應屋主的需求，建築師便決定在這個狹小的建地上設計一個既開放又顧及隱私的空間。而大面積的屋簷設計則有效地連結／分隔了內部空間與外部空間，同時也將自然景觀帶入室內。建築師說：「我們希望能創造多元性的室外，以建地不同的角度和高度，適當的隱藏鄰近住宅的視野以及緊鄰著的存在感。」

1 2 走到屋頂，就能體驗到陽光、新鮮空氣與恬靜美景

3 建築內部體量與外部牆體之間的空隙，一些相對私密的功能就佈置在這條空隙中，如一樓廚房邊就設置了一個私人庭院

4 大型的玻璃帷幕牆，為廚房帶來了絕佳的採光

住宅一樓的平面及剖面

住宅二樓的平面及剖面

住宅屋頂的平面及剖面

一樓的平面及剖面

從住宅一樓的平面及剖面圖來看，住宅的玄關設計就在美容院的入口旁邊。從玄關進入，映入眼簾的竟是一塊的私人庭院。即便住宅前已經有大片的綠地，這塊庭院空間在屋頂的圍合下成了難得的私密空間。住宅內的樓梯巧妙地設置在起居室的尾端，解決孩子一回到家就直接進房間的問題。而且樓梯也緊鄰著盥洗空間，洗完後便能直接上樓，增強了私密性。

　建築師選擇將住宅分成三個剖面來設計，無非是想要更清楚地表現建築的層次感與趣味性。

二樓的平面及剖面

在二樓的平面、剖面圖上可清楚地看到，位於二樓的兩間兒童房共用一個陽臺。孩子們在學習之餘也可享受到戶外的空間，趁機放鬆精神。即便是在冬季孩子們也能看見窗外景色以調劑心情。

　天井的設計，讓孩子們在二樓也能看見起居室的動靜，反之亦然。而挑高的起居室空間看起來更大。

三樓的平面及剖面

而屋頂的設計圖上則指出，因為屋頂上的數個大開口以及室內的植栽，使得採光及透風都不成問題，特別是書房與廚房的位置分別都緊鄰著陽臺和庭院，即使是炎熱的夏天，也能因為樹蔭而感覺涼快。

兒童房外的陽台

Studio Velocity

栗原健太郎 Kentaro Kurihara（音譯）
1977 出生於日本埼玉縣
2004 就職於石上純也建築設計事務所（至05年）
2006 設立Studio Velocity
2008 任愛知產業大學建築系客席講師

巖月美穗 Miho Iwatsuki（音譯）
1977 出生於日本愛知縣
2004 就職於石上純也建築設計事務所（至05年）
2006 設立Studio Velocity
2010 任愛知產業大學建築系客席講師
www.studiovelocity.jp

Q A

Q 過去50年來，日本住宅設計有什麼變化？

A 因空調設備的進步，室內可以維持在恆溫環境裡，不過這項發展卻也顯示出新的極限問題。

Q 科技的日益發展，是否對住宅設計有所衝擊？

A 是。譬如木造建築，因為加工的機器以3D CAD自動化，即使是複雜的設計也完全不費工夫。

Q 人們對激進設計的接受度是否已經更開放？

A 如果被屋主認為是「太前衛」的設計，那樣的創意就不能算是充分實踐。無論在什麼時代，都必須努力讓顧客瞭解自己的設計價值，我認為這是建築師必須擔負的使命。

Q 環保是否成為了住宅設計的一環？

A 以高氣密、高隔熱保持恆溫環境很重要，但是我也覺得像那樣過於跟外界隔絕的空間概念似乎已經走到極限，我們需要向大自然學習新的價值觀。

Q 傢俱是否比過去變得更重要？

A 是。傢俱是人在使用，人在其中活動，在其中也可看到生活情景。我認為空間概念包括人在一個地方如何生活的場域，因此傢俱非常重要。

Q 好的住宅設計關鍵是什麼？

A 我認為當空間成形的理論在生活中的每一場景中消失的那一瞬間，場域自然會產生。想像這個場域的光、景色、建築素材、傢俱、物品等，以及人生活在此的情景，當這些東西與設計理論融合在一起時，就能設計出活的空間。

Q 你認為未來的住宅設計會有什麼樣的發展？

A 外部與內部的關聯性會因為新的感覺及價值觀而變得更加模糊。

Q 2011年的東日本大地震是否改變了你的設計手法？為什麼（不）？

A 我重新體會到日本地處非常會搖晃的地帶。我認為今後的設計必須思考實際搖晃時建築物的耐震度，預測建築物可能受到的損壞，以設計出更精密的構造來應對。

Q 日本的年輕的建築師似乎有越來越多的跡象。你認為其原因是什麼？

A 現今所有的建築師都以此為目標，我覺得非常好。我想這應該是設計這門學問深入了教育所帶來的成果吧。

Q 你們應該是屬於年輕建築師的一群。相對來說，年齡是否影響你的工作量呢？

A 應該多少有影響，不過我想這是我們必須要跨越的。

House Nw
雅致宅

地點 日本東京 練馬區
建築師 宮原建築設計室

當建築師面對僅有43平方公尺的建地面積時，將房子的結構往上
延伸似乎很理所當然。然而當樓層增加時，房子的封閉性也變高
了，這造成住宅與個人、家庭成員之間，以及在社區裡變得缺乏
良好的溝通模式。

現代日本的住宅設計焦點放在尊重個人及社區
的概念正在逐漸下滑。建築師宮原輝夫深信，
必須嘗試從自己的力量出發，阻止在地社區的
解體並重建團結性，而「雅致宅」可說是實踐
了建築師的理念而生。

1

2

在不同個性中找到平衡感的家

「日文中有一個詞彙叫做『奧床しい』(okuyukasii),亦即雅致。」建築師宮原輝夫說。「雅致,就是讓我想要去拉開門,探索它背後典故的原因。」

乍看之下,「雅致宅」有如一間經典五角形的房子被超現實地壓縮成型。而這內藏乾坤的房子有著5種階層、「小而美」的一、二樓設計,有效地聯繫著當地社區(因為它們最靠近房子外的世界)。位於一樓的音樂室和二樓的圖書館可以作為客房。三樓是臥室及浴室。四樓則是一家人的起居活動區。通過四樓的玻璃門,沿著金屬樓梯往上走,便到達五樓的茶室(和式房)。

宮原輝夫解釋,訪客會先進入音樂室和圖書館,如果有需要才到四樓的起居室去。而較親近的訪客才會受邀到五樓的茶室去。這種讓屋主自行調整、選擇到訪者能進入的空間設計,提供屋主與訪客之間適當的空間條件,享受自在而舒適的交流。

另外，每個空間的裝潢材質依著不同功能及屋主的要求，彷彿是「高級訂製服」般的仔細。像是音樂室的門及牆壁採用的是纖維強化塑膠（FRP）製成的蜂巢圖騰，讓室內呈現琥珀色的氛圍。而每個樓層的地板，從日本櫻花樺木到預製的雪松板印花水泥，替每一個空間創造了個性。而所有的素材都以極簡的細節來保持一致性，讓房子在整體保持平衡的感覺。「最困難的事莫過於此了。」宮原輝夫指出。

在外牆上，有別於一般的清水模，宮原輝夫選擇塗上一層黑稀混合丙烯酸（black lean-mix acrylic）油漆，使住宅展現出隨性的斑駁效果。這樣強烈的視覺感延續到傾斜45度的屋頂，營造了室內與室外的一致性。

雖然在占地上是「夾縫求生」的住宅，「雅致宅」仍因著突出設計而獲得新生。在陽光下，黑色的「雅致宅」有著金屬銅的光澤，但到了晚間，牆面上大小不一的7扇窗透過彩色日本紙製的窗簾及百葉褶，會顯現7種不同的溫暖色調照耀社區。這樣的視覺效果極富有情緒性的體驗，會深深烙印在路人們的印象中。

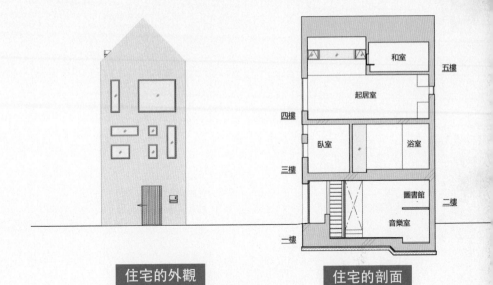

住宅的外觀

住宅的剖面

五樓　和室

起居室

四樓

三樓　臥室　浴室

圖書館　二樓

音樂室

一樓

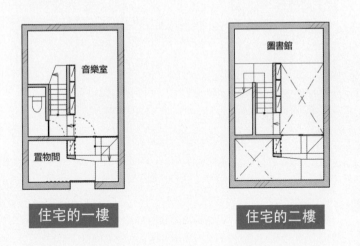

1 位於四樓的挑高起居室，包含了所有的LDK。處於上方的空間還容納了和室呢

2 建築師充分利用屋頂，作爲露臺

3 三樓臥室內的大小不同的窗戶，都是作為採光之用

4 五樓的和室

音樂室

置物間

圖書館

住宅的一樓

住宅的二樓

*跳層：只需爬上幾階樓梯，就能從一樓到一、二樓夾層，夾層的地板等同於樓梯平台。讓上下樓層空間一體化。

一樓玄關入口處設計了許多置物空間。對於緊鄰街道（噪音問題）的這棟住宅而言，是相當兩全齊美的設計。另外，建築師宮原輝夫也利用了樓梯的死角設置了廁所，方便使用音樂室的客人。

二樓的圖書館則以跳層*的模式打造，位元於樓梯折返處的盡頭。屋主能輕易地從圖書館挑選想看的書後直接坐在樓梯上閱讀。

住宅的三樓

住宅的四樓

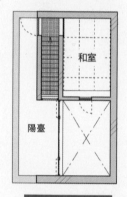

住宅的五樓

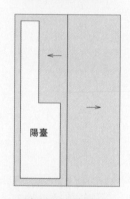

住宅的屋頂

三樓是臥室。其面向街道的牆面,有3扇大小不同的窗戶,都是作為採光用,而只限於左右面牆上的窗戶,才能打開通風,有效隔絕街道上的噪音。另外,盥洗區幾乎占了三樓面積的一半,營造出在小住宅裡也可以有大空間的盥洗享受。

四樓是起居室／飯廳及廚房。起居室的空間比廚房的空間更挑高,主要是為了容納五樓的和室。宮原輝夫對於空間的利用上非常明智,空間較大的起居室／飯廳讓屋主在休閑時刻更能放鬆心情。

五樓則設置了和室及陽臺。雖然和室位於樓梯的盡頭也是住宅的角落,但宮原輝夫巧妙地在另一端安裝上小窗戶,一打開便能瞭解起居室／飯廳中發生的一切。

從五樓,屋主也能通往長形的屋頂陽臺去,更想不到的是這麼小的住宅還能打造出陽臺來。藉由陽臺的設置,因此可以在起居室的上方安裝窗戶,為室內空間帶來更多的自然採光。

宮原輝夫 Teruo Miyahara
1966 出生於日本東京
1990 就職於Takenaka Corporation（至98年）
1999 設立宮原建築設計室
2002 任群馬大學工學部客席講師
www.miyahara-arch.com

Q A

Q 過去50年來，日本住宅設計有什麼變化？

A 在某種意義上，設計的過程並沒有改變。

Q 科技的日益發展，是否對住宅設計有所衝擊？

A 因為大量生產的成品價格非常便宜，因此要創造新產品在成本效益上變得困難。

Q 人們對激進設計的接受度是否已經更開放？

A 我認爲有。成本將成為主要的考慮因素。

Q 環保是否成為了住宅設計的一環？

A 這很明顯。但同樣是成本的問題。就目前來說，還是有很多東西能讓消費者作替代的選擇，因此偏離環保的意識。

Q 傢俱是否變得比過去更重要？

A 不管是過去還是現在，我個人覺得情況並沒有改變，依然是重要的。

Q 好的住宅設計關鍵是什麼？

A 在不需要害怕偏見的情況下，建築師應該提出更高、更有理想的計劃。

Q 你認為未來的住宅設計會有什麼樣的發展？

A 我認爲並不會有改變。

Q 2011年的東日本大地震是否改變了你的設計手法？為什麼（不）？

A 這地震並沒有改變任何事情，因爲在原本就常發生地震的日本，早就有對抗地震的堅強結構。至於其它的部分（海嘯、核災），住宅是無法作出反應的。

Q 日本的年輕的建築師似乎有越來越多的跡象。你認為其原因是什麼？

A 坦白說，我並不覺得建築事業有越來越受到年輕人的青睞。當然，這一行業是非常有意義的，我其實也想要更多年輕人的加入。

Q 你應該是屬於年輕建築師的一群。相對來說，年齡是否影響你的工作量呢？

A 我不認爲有。

京都

O House
轉彎宅

所在地 日本京都
建築師 Hideyuki Nakayama Architecture

座落於京都古城內的這間兩層樓住宅，正面有著一塊7公尺高的落地玻璃。若從街道逐漸往住宅靠近，會發現它不單只有「主屋」，還在住宅左右延伸出「副屋」空間。

仔細端詳「主屋」玻璃後方，當窗簾被拉起時，有
一種立即被內部空間吸進去的超現實感，彎曲的白
色牆壁則讓人有種空間往後不斷延展的錯覺。

1

超現實主義的房子

建築師中山英之坦言，構想這樣一間彎曲的住宅，雖然是受了屋主（朋友）的委託，而在沒有具體的要求下自由發揮的結果，是希望這塊建地不會變成一個死胡同。

「我覺得住宅的存在是為了讓街道與環境之間建立新的關係。以前的住宅後方都會有一塊開放的空間，或是小巷，或是水井的設置，以一個公共的空間相互連結。而現今的住宅則多用牆壁圍住，形成一個獨立的空間。」所以中山英之才決定要在這塊土地上讓「流動之氣」進入屋內後還能再折返回來。

以日本建築的景觀條例來說，山牆式屋頂的角度及外牆顏色有著規定的限制，因此主屋的氣流環繞變得較迂迴。特別是副屋的氣流，先從餐廳流向廚房，中間會繞出庭院，再回到屋內的盥洗室、廚房等有水氣的空間，形成環狀的氣流動線。

因此嚴格說來，其實整個住宅空間的生活中心是圍繞著副屋的。中山英之說：「當我走在大街時，我發現到每一棟住宅之間僅剩一些些的空隙。我想把那些空隙給拉寬，感覺就像是居住在牆與牆之間。」

所以，「轉彎宅」的空間設計是為了讓空隙成為新的生活空間。屋主能更方便地生活在住宅內的不同空間，像是廚房、用餐區、休閒區及浴室等都被設置在「主屋」的周圍。

1 轉彎宅全然大開的入口

2 位於副屋的一樓盥洗室

3 主屋走廊內一扇扇的門，可達到副屋中不同功能的空間

4 瞧，走廊盡頭就可見用餐區了

因為主屋的位置就在街道旁，中山英之說，就在構思副屋的機能時，想到「彎曲」的概念。「當我在調整盥洗室、餐廳及廚房所需的空間大小時，得將周圍的空間拉大或縮小，結果主屋就變成了奇妙的彎曲形狀。」

「轉彎宅」的外型像是一座塔，宛如城堡般的牆面，從不同的角度看，彷彿都能挑起人們的幻想力。因為臥室都位於「主屋」的二樓中，需要通過長廊般的樓梯方能抵達，因此更多一種「回到家」的意味，這樣「主屋」在日常空間的規劃上也能稍為區隔。

「轉彎宅」的部分與街道相連接，有一種延展視野的精神感受。而主屋的空間設計，也頗有通道花園的意味，以室外的概念和「副屋」形成空間交替。難怪屋主夫妻倆會說：「這屋子讓我們有呼朋引伴的情緒。我們還想著，以後用來開畫廊似乎也不錯哩。」

1 從主屋進入副屋再沿著螺旋梯進入二樓臥室的動線

2 沿著螺旋梯而上就能到達臥室

3 全靠這超大型布簾，操控著主屋整體的採光效果

4 從臥室再往上走，便是二樓夾層的閣樓式空間

4

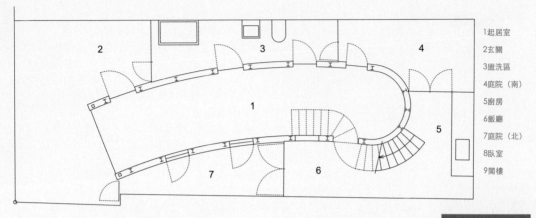

1 起居室
2 玄關
3 盥洗區
4 庭院（南）
5 廚房
6 飯廳
7 庭院（北）
8 臥室
9 閣樓

住宅的一樓

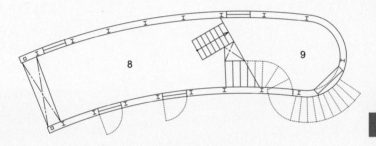

住宅的二樓

動線上，若要去主屋的二樓，得先從大面玻璃幕牆旁的玄關進入主屋，再從主屋的盡頭進入副屋的飯廳，而後從廚房的樓梯走往主屋。因副屋的屋頂是沿著主屋的外側搭建的，所以主屋的外牆便直接成為副屋的內壁。

乍看之下，整個住宅的造型非常不尋常，而在基本的設施上，像是起居室和廚房則是L型，並以直角的牆面完工，方便於設置壁櫃及家電設施設。另外，起居室及廚房都面向庭院，且立面都以玻璃門完工，陽光因此可自然地照進室內，連做菜的時候都感覺身在戶外。

臥室的空間很大，對外窗戶則設置於左側牆面，正好面對著北面的庭院，早晨起床時能聽到鳥叫聲，感覺充滿朝氣。

而二樓上方夾層設置了一小塊閣樓，可作為起居室或更私密的聚會空間。因需要通過螺旋式的樓梯才能到達，途中還能向客人展示住宅正前方的大型玻璃立面。在這裡也裝設了窗戶以利採光和通風。

1972 出生於日本福岡
1998 畢業於東京國立大學建築和規劃系
2000 畢業於東京國立大學建築和規劃系碩士
2000 就職於伊東豐雄建築事務所（至07年）
2007 設立中山英之建築事務所
www.hideyukinakayama.com

Q A

Q 過去50年來，日本住宅設計有什麼變化？

A 我覺得沒有決定性的變化，但工業住宅美學卻朝著錯誤的方向發展。

Q 科技的日益發展，是否對住宅設計有所衝擊？

A 革新的真正意含是從現在開始。

Q 人們對激進設計的接受度是否已經更開放？

A 我也這麼覺得。因為介紹建築的媒體變多了，委託人能大概知道各種例子。

Q 環保是否成為了住宅設計的一環？

A （關於環保的）各種功能面不斷被提及，但還是要從「家」存在的根本意識變化這邊開始。

Q 傢俱是否比過去變得更重要？

A 不如說是不是落伍了。因為以往的獨棟住宅包含了所有傢俱的設計。

Q 好的住宅設計關鍵是什麼？

A 沒有萬能鑰匙。我覺得有時可從全部不同的鑰匙中尋找鑰匙，這就是設計「門」時的工作。

Q 你認為未來的住宅設計會有什麼樣的發展？

A 我覺得在包含住家的所有環境中，要如何將住家的存在擺在適當的位置，這才是問題所在。

Q 2011年的東日本大地震是否改變了你的設計手法？為什麼（不）？

A 我很想回答：「不會改變」，但這是不可能的吧！我覺得設計者的工作本來就是要和屋主接觸，但在某個部分，是要站在建築委託人的角度來思考，這才是問題所在。

Q 日本的年輕的建築師似乎有越來越多的跡象。你認為其原因是什麼？

A 建築這門工作或許和做料理、設計服裝一樣，本來就是我們為自己做自己能做的事，所以才會去做。

Q 你應該是屬於年輕建築師的一群。相對來說，年齡是否影響你的工作量呢？

A 我是不太擅長，但我覺得不要緊。人沒有經驗就會大膽，任何時代、任何地方普遍都希望有那樣的膽量。

Pentagonal House
五角宅

所在地 日本名古屋 愛知縣 對馬市
建築師 森田一彌建築設計事務所

這個案例再一次展現出如前述的「走道宅」（案例11）「單飛不
解散」式的三代同堂，是日本正在崛起的新生活方式。位於日本
名古屋平靜村莊裡的「五角宅」屋主是一對年輕夫婦，也不約而
同地在父母居住的古老和風住宅旁，興建他們的理想之家。

這棟「五角宅」外表看起來和一般的和式木造住宅沒什麼不同。建築師森田一彌卻說「五角宅」設計的主要靈感，其實是來自於伊斯蘭文化。

住宅的五大牆面成放射狀而
立，讓窗外的景色變成室內
空間的延伸

和式風形於外，伊斯蘭風形於內的設計

「屋主是研究伊斯蘭史的學者，他妥善整理並保存了多達數萬噸的書
籍，因此要求我一定要蓋一間讓人『馬上進入研究狀態，並且快意過
日子』的住宅。所幸我大學時代時研究過伊斯蘭文化的建築，因此受
到屋主的信任而委託設計。」

　　屋主與建築師森田一彌因為這共同點，便惺惺相惜地在興建計劃開
始前，一同到土耳其旅行，只為了能更深入地瞭解伊斯蘭建築，好讓
彼此有充裕的時間共同思考、設計新的住宅。森田一彌認為此次的旅
行非常有意義。一開始，他就想要設計出融合日本建築文化和伊斯蘭
建築文化的建築物。

1

「具體來說，我想要運用日本的建築技術及素材來實現伊斯蘭建築之美。」森田一彌說。然而，當放眼望去周邊相鄰的住宅都是傳統日式建築時，要如何將風格迥異的伊斯蘭建築融入其中呢？於是回到原點，森田一彌著眼在室內空間，並將空間作最大化的設計。

森田一彌採用了五角形的設計。住宅的五大主要牆面呈放射狀而立，讓室外的景色變成室內空間的延伸。從住宅內部的中心呈放射狀的牆面斜插而上，天花板頂端匯聚成為一種類似圓頂（Dome）的形狀。森田一彌建議屋主在這空間下擺放餐桌，不但四周的空間盡收眼底，窗外美景就像畫一般賞心悅目。這也是森田一彌保留更多室內的開放空間所刻意設計的視覺效果。

「五角宅」的特殊造型屋頂完工後看起來與傳統日式屋頂「四坡頂」*頗有異曲同工之妙，在傳統中透露著現代感。而它的設計並非是建築師森田一彌一時的心血來潮而已。「我們可以說屋頂是一種『二次景觀』，它並不僅只是為人類設計，也可說是為了大自然而設計，如同現實世界的景觀一樣有著引人入勝的體驗。我也試圖善用住宅裡的獨特『景觀』作設計。」建築師如此說。

1 最大的空間被用作為起居室，落地玻璃除了帶來幾像採光，因為是推拉式還能創造通風性

2 需要私密性的臥室，其實有大型推拉門的設置，另外窗戶則安裝小型的，而非落地型的款式

3 廚房一處牆面有著小小的開口，讓正在廚房進行烹煮的屋主能知道回家的家庭成員

4 盥洗室雖然小，但是卻藉一扇窗取得採光

*四坡頂：中國系屋頂之一，分有單坡頂、兩坡頂、四坡頂。四坡頂一般有四坡五脊的廡殿頂和四坡九脊的歇山頂，在此為廡殿頂

這樣的屋頂直接造成了「層高」*的不同。在最低層高的地方，森田一彌騰出一個空間，設計了一個和式的靜坐放鬆的地方。待在那裡，屋主可以感受彷彿置正身在傳統日式住宅中。

另外，沿續傳統日式風格的設計思維，木料理所當然地被當作建材。「一般這樣的結構都以方形網格來簡化結構的細節。」森田一彌說，「但是，它卻有能力改變成各種幾何形狀。」僅僅進行了幾項簡單的測試後，建築師就決定採用常見的元素、結構、材料及屋頂造型。而「五角宅」所呈現的獨特又舒適的空間，是以往的木造建築不曾達到的空間設計。

因此，「五角宅」的外形雖然充滿異國風情，室內的空間卻保有和式風格的簡約樸素。在木質感及雪白色牆面的映襯下，伴隨著屋頂的曲線隔開的空間，透露一種清新的韻律，就像是置身於世外桃源。

*層高是指住宅高度以「層」為單位計量，在設計上國家對每一層的高度都有要求，這個高度就叫層高。它通常指下層地板面或樓板面到上層樓板面之間的距離

住宅的概念形成

「五角宅」從概念到成形的過程看起來非常簡單。然而從第四階段房間與庭院的搭配上則可看見建築師的用心。首先，被分成5塊的空間並不平均，浴室及收納空間占最小，其次是廚房及臥室，而起居室及和室所占空間最大。浴室及收納空間的設置面向街道。功能性較高的空間則以庭院功能相搭配。臥室外有片樹林；廚房外是菜園；和室外則是倉庫與工作坊；而起居室外可通往父母的住宅方便連繫與聚會。

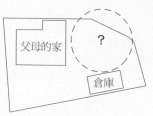

築地

塑造成五角型

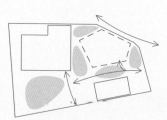

規劃出庭院和動綫

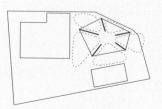

房間與庭院作搭配

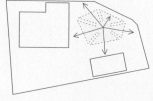

房間能無間地連接

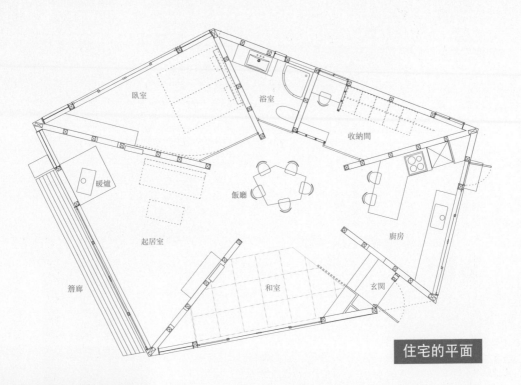

臥室

浴室

收納間

暖爐

飯廳

起居室

廚房

簷廊

和室

玄関

乍看之下，這樣開放式的空間設計感覺很沒有隱私，但臥室、收納間及浴室都有推拉門。除了臥室空間內設置的長桌，收納間裡也設置了小書房，屋主偶爾可以清淨地在此閱讀，而推拉式的窗戶則可帶來自然採光。

飯廳中有一張五角桌，夫妻倆還可以利用廚房的臺面用餐，特別是早晨時光，能在此與正在做早餐的另一半愉快聊天。

廚房的一處牆面有著小小的開口，正好斜對著玄關。這讓正在廚房做菜的屋主能知道回到家的家庭成員並打招呼。另外因為廚房面對著菜園，建築師在此打造了通往戶外的門，讓屋主可以很輕易地到菜園取得新鮮食材。

同時，起居室與臥室之間的牆面也有著小小的開口，位於起居室的暖爐能間接地將暖氣傳入臥室內。

而簷廊的位置，設立在起居室之外，正好面對屋主的父母家，兩代人就此能聚在庭院中一起悠閒地過家庭日，而且不需要任何額外的傢俱設置，就能在庭院裡享用美食。

充滿現代感的廚房設計，難以想像的是，
只要一走出去便能看見菜圃

森田一彌 Kazuya Morita
1971 出生於日本愛知縣
1994 畢業於京都大學建築系學士
1997 畢業於京都大學建築系碩士
1997 任職京都文化遺產修復人員，主理傳統石膏（至01年）
2000 設立森田一彌建築事務所
2007 任職於上海世博會西班牙館（至08年）
2011 任職巴塞羅文化事務署海外研究員（至12年）
morita-arch.com

Q|A

Q 過去50年來，日本住宅設計有什麼變化？

A 50年前日本住宅的數量不足，大家都希望能有效率的設計、建造住家。如今，我覺得比起講求效率，更需要高品質的建築物。

Q 科技的日益發展，是否對住宅設計有所衝擊？

A 當然。然而失傳的技術很多，因此我不覺得整體的建築技術有進步。例如：以前的技術可以建造出來的建築，如今變成要花很多錢還很難建造的建築物。

Q 人們對激進設計的接受度是否已經更開放？

A 我覺得我過去的價值觀很偏激，但屋主若能提出合理、適當的提案，我能無條件的接受。

Q 環保是否成為了住宅設計的一環？

A 我覺得當然是。

Q 傢俱是否比過去變得更重要？

A 沒有特別的感觸。

Q 好的住宅設計關鍵是什麼？

A 我認為要仔細觀察住家的周遭環境、充分利用建材的優點以及深層探究屋主心目中的理想住宅。

Q 2011年的東日本大地震是否改變了你的設計手法？為什麼（不）？

A 不如說，藉此把設計當作一種能深刻思索人類文明和生命的契機。

Q 日本的年輕的建築師似乎有越來越多的跡象。你認為其原因是什麼？

A 我不覺得年輕建築師有增多，但是建築師的工作，是自人類有文明以來就有的歷史性工作，也是一項值得投入的工作。

Q 相對來說，你應該是屬於年輕建築師的一群。相對來說，年齡是否影響你的工作量呢？

A 屋主不僅不會建造同樣類型的建築物，他還會發現地基的差異，經常都有新的想法。我覺得雖然經驗豐富很好，但是太仰賴經驗，對建築師來說反而很危險。而經驗太少也是個問題，這對周遭的人們造成麻煩的機率很高。

Static Quarry
礦場宅

所在地 日本群馬縣
建築師 生物建築舍 Ikimono Architects

「我一開始就想要把建築打造成為一個小鎮。」建築師藤野高誌
說。而從「礦場宅」的外觀來看，這棟建築就是一種「集合式住
宅」。

在日本，此一類型的建築比起獨棟住宅來說比較少見。然而「礦場宅」卻有一種引人入勝的特質。或許，在建築師藤野高誌充滿未知感的話語中，正悄悄地描繪了未來公寓的原型。而一種先進的「微社區主義」概念正在成形中。

個人主義取向的集合式住宅

一開始是「為了應付遺產稅，客戶希望我能有效利用這一塊占地6百多平方公尺的土地。」建築師藤野高誌說，「於是我便提出同建商合資打造一座作為出租用的集合住宅計畫。」由於客戶希望建造有二、三十年競爭力的建築，因此建築師提出設計的兩項重點：一是打造一座符合當代個人主義風格的集合住宅，二是重新思考及定位車輛與住宅間的關係。

現今日本有非常多的單身人口設法在群體與個體之間取得平衡，因此游走在個人空間（如住宅）及群體空間（如社會）兩邊。而建築師藤野高誌設計的集合住宅有著「個人領域中的近鄰社群感」，讓住宅轉變成了一個城市生活的縮影。

「礦場宅」裡共有8戶。漫步在其中可發現區域內有著很多的「洞」，就像石坑一樣被空置（故其名）。再加上每位住戶都有獨立的露臺，讓戶外空間的整體比例超過室內空間。這些戶外空間沒有明確的功能性，是一塊等待被住戶填滿的空白，不管是作為休閒或庭園空間都憑住戶的個人喜好設置，為極簡冷靜的清水模建築帶進充滿生氣的變化。

在充滿個人主義風格的「礦場宅」內，完全不設置公共空間。藤野高誌說：「這樣的設計，讓每一住戶都能充分利用自己的空間，而每一戶的特色從私人露臺顯露出來，讓原本冷靜的清水模建築反而充滿著住戶們活力十足的生活氣氛。」

1 在充滿個人主義味道的礦場宅內完全不設置公共空間，反而讓原本清冷的清水模建築顯現住戶們熱絡的生活氣氛

2 車庫其實就是每一戶住宅的門面，設有推拉折疊式的透明玻璃門，在天冷的時候便能「關上」取暖

1 2

3

維基百科說到「社區」是「有共同文化的一群人居住在同一區域」。這些個人主義特色的空間反而可以讓住戶們互相交流、拜訪，甚至進一步變成朋友。除此之外，「礦場宅」的一樓有大量的停車空間設計，也符合群馬縣是日本各縣市中汽車擁有率最高的、自成一種汽車社會的文化。而「汽車社會」也因為在全球暖化及永續環保的意識而有了全新的詮釋。

另外，藤野高誌也看中智慧型電力網路（Smart Grid）在未來住宅的發展性。他說，「因為將來EV（電動車）將擔任住宅的能源及空間擴張的角色。所以我在一樓設置了好幾塊的空地，提供每戶人家可以停兩台汽車的空間，同時設置了專用的外部電源及水源。」比起在住宅區以外的地方設置停車場，藤野高誌認為這樣能有更多好處。

「礦場宅」展現了極簡主義，外在呈現一致單調的「方形」，而身在其中卻有種若即若離的距離感。各自獨立的露臺交相比鄰，而特意留白卻完全開放式的「洞」，也讓住戶們有機會與鄰居熟識，使「礦場宅」超越了集合式住宅儼然成為一個小型社會。

我們以往認為集合式住宅的空間都大同小異，而像是頂樓外加閣樓的房型則例外。「礦場宅」的每個單位規模都不一樣，因此相對地會吸引出多元（即不同經濟能力）背景的住戶，進而營造出一個小社區。

1 2 4 各種不同的樓梯組合，成爲了住宅的小小特色：從旋轉式（1），到螺旋式（2），到傳統的木梯（4），都各有千秋

3 規模不一的單位，讓每一個住戶的動線上都不一樣

5 6 大部分樓梯口都位於窗戶邊，即使沒有開燈，也能藉著自然光線上上下下

住宅的立體圖

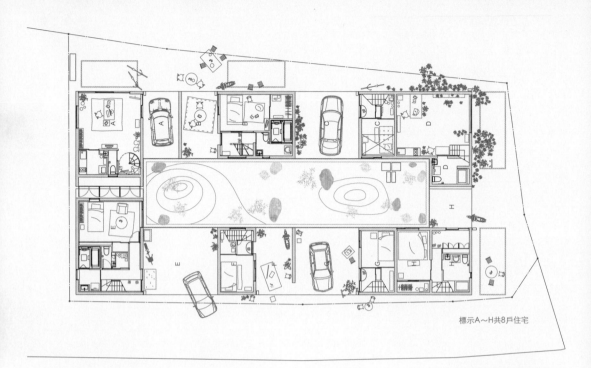

標示A~H共8戶住宅

除了住戶單位的大小不一，連停車區也有不同的大小。有些單位僅能存放機車，有些則可停一輛小型客車，而最大的單位則足以停兩輛車（或許其中一輛是客人的）。因此「礦場宅」能囊括不同生活方式的住戶，也讓想要入住的有更多選擇性。

庭院的設置以和式的石林為主。住戶能綠化自己的住宅空間，而不受固定的庭院設計所限制。其中有些住戶（像最小的D、H）沒有設置屋頂式陽臺，建築師藤野高誌則在屋旁騰出一小塊露臺的空間，為小住宅增添獨特的魅力。

1 **2**

住宅的二樓

每一露臺都是私密性高的空間，就像是獨棟住宅一樣。彼此相鄰的住戶不會互相干擾。但在建築師藤野高誌刻意的巧思下，對面住戶的露臺卻可以一覽無遺，還可以相互打招呼，形成一種有距離感的鄰居關係。

不同規模單位的設計，使得每戶住宅在動線上變得有趣、更有個性。不論是喜歡一進入玄關就是起居室的傳統住戶，大可將臥室設置二樓；或是喜歡有更充裕自然採光的起居室與露臺的住戶，就可將臥室設置在一樓。每一戶的空間呈現依照屋主的習性因而變得靈活又多元了。

1 從外觀看，其實並不容易知道這建築內還設有和式的石林庭院

2 除了住戶單位的大小不一，連停車庫也有不一樣的大小

3 私密性高的露臺，讓每一戶人家都能自由賦予其功能

4 可以打照面卻不會造成干擾的露臺設計

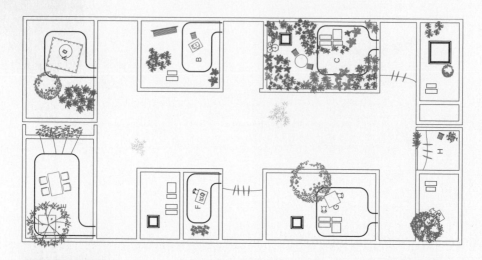

住宅的屋頂

為了鼓勵住戶使用屋頂作為新概念的居家空間,建築師藤野高誌巧以欄桿進行圍合,劃分出另一塊生活區域。每一戶圍合的範圍都不一樣,創造了豐富的視覺變化。

儼然是一個小型社會

藤野高誌 Takashi Fujino

1975 出生於日本群馬縣
1998 畢業於東北大學建築系
2000 畢業於東北大學建築系碩士
2000 任職於清水建設株式會社
2001 就職於Haryu Wood Studio
2006 設立生物建築舍 (Ikimono Architects)
2009 設立Ikubyobako
sites.google.com/site/ikimonokenchiku

Q A

Q 過去50年來，日本住宅設計有什麼變化？

A 有兩大因素。首先是日本生活模式的變遷影響了住宅設計的變化。而跟五十年前相比，現代社會變得多元，從家庭成員的人數、建築材料的使用、土地的改變、住戶的生活模式都相對複雜許多，再沒有標準答案可依循，各種樣式也可並存。再來是因應技術的進步，設計的方法也出現變化。現代電腦軟體的發達，設計各種複雜的型態及構造已非難事，極端一點來說，決定樣式的標準不再是絕對的了。而現代設計的更加多樣化，答案不僅只一個，因此不確定性也增加了。

Q 科技的日益發展，是否對住宅設計有所衝擊？

A 對。形態與構造的學習內容過於龐大，要找出最適當的解答變得更困難了。

Q 人們對激進設計的接受度是否已經更開放？

A 應該變得容易接受。前衛的東西增加了，人們對於前衛的東西的接受度也一般化了。

Q 環保是否成為了住宅設計的一環？

A 是。那不僅只是對恆溫環境及建築材料的檢討，也影響到人們對環境的看法。像是對於過度的便利及裝潢的反思，人們開始會從環境的立場提出質疑。

Q 傢俱是否比過去變得更重要？

A 我不知道。然而若要以極簡約的設計構成家的要素，傢俱在功能上與設計上都更加重要。

Q 好的住宅設計關鍵是什麼？

A 這是我個人的見解，我覺得應該是對包括外部環境的「他人」有多敏感這一點。

Q 你認為未來的住宅設計會有什麼樣的發展？

A 整體來說多樣化。而建築師設計的房子則單純化了。

Q 近期的「東日本大地震「是否改變了你的設計手法？為什麼（不）？

A 是。地震過後對環境更加敏感了。譬如核電意外、氣溫太低有可能造成停電，下雨有可能提升放射線濃度，起風有可能傳播放射性物質。換句話說，就是對於氣溫、氣候、風向等因素敏感度變高。人們也瞭解到自己有多渺小。而我再度看見一種事實，人類與環境唇齒相依的真實體驗。

Q 日本的年輕的建築師似乎有越來越多的跡象。你認為其原因是什麼？

A 我想是因為現在是情報化的社會。人們除了面對面還能用網路聯繫，因此能夠曝光的場所也增加了的關係。

Q 你應該是屬於年輕建築師的一群。相對來說，年齡是否影響你的工作量呢？

A 我認為有影響，因為建築師必須擔負起社會責任。

Reflection of Mineral
礦石宅

所在地 日本東京
建築師 Atelier Tekuto

建築師山下保博必須遵循東京市規定的建築高度，以及只有44.62
平方公尺的土地上蓋住宅，另外還要符合屋主——停車場要有屋
簷的期望。

在此，建築法規看似對建造住宅造成阻礙，建築師
山下保博卻將法規當成了靈感。他將「犯規」的建
築立面切掉的作法，讓「礦石宅」傲然地融入密集
的東京住宅群中。

1 2

1 占最大空間的二樓就被用為LDK，有著立面上最顯眼的大窗戶作為採光之用

2 一樓除了安裝上住宅唯一的廁所外，大部分的空間都作為收納和置衣間的使用

一顆在東京街道上獨自閃亮的鑽石

山下保博回憶起當時說，他一邊爭取要將建築的量體最大化，一邊要保持建築的高度合乎法規高度，而住宅的外觀便漸漸地呈現出多角的型態。而在作了第三十個模型之後，山下保博及團隊終於把「礦石宅」的多面設計拿捏得宜，做出符合屋主最後一項要求的設計：像德國車那樣俐落且堅實的質感。

除了突破性的外型，山下保博還在高度限制下做出4層樓的空間，才是最令人意外的地方。一樓是盥洗空間，二樓設置採光充足的客廳及廚房，頂樓則設置了獨立的浴缸，另外還有地下一樓則是另一間浴室及收納空間。

山下保博的設計概念是來自於兩個關鍵字：「礦石」（Mineral）和「映射」（Reflection）。

「礦石宅」就像是塊插在土地上的鑽石晶體，稜角分明的外觀，看起來既抽象亦符合日式住宅的簡約感。「從透明到半透明乃至不透明的變化，都會跟著光線的強度及角度而產生。礦石，可以說是一種結合抽象元素（概念性物件）和非比喻性元素（實在性物件）的現象。其體態，因此不能被視為一種簡單的元素。」山下保博如此解釋。

外觀上，從任何角度都能看到「礦石宅」絕然不同的立面。走進「礦石宅」卻能立即感覺到內外間的差異——內部空間中完全沒有垂直的牆面。其中，帶給人的強烈感官刺激，是否正宣告人們需要一種充滿變化的空間？而住在像這樣的空間中，人們是否真能感覺到舒適和安全呢？而在提問中，「映射」的概念因此進入了空間中。

在山下保博的想法中，所謂的「映射」是近期一種與空間知覺有關的新概念。「視野已經逐漸成為了一項確認空間的重要因素。」他說，「通過幾何的控制（面向有三個因素：透明、半透明和不透明），以及將它們三維式地糾纏在內部空間裡，視覺的反映因此被塑造起來，成果也跳脫了空間原有的限制性。」因此，當屋主在室內空間移動、當光線從不同角度進入房子內，立面因此有了變化並創造出充滿張力的空間。而同這抽象的多面體形成對比的就是廚房、櫃臺貨架、樓梯及地板和廁所空間的功能性形成所謂的「非比喻性」物件。

山下保博進一步解釋說，這項設計是「將負面限制轉換成正面方案」的例子。「礦石宅」在角度面上採取了「切削」的方式，即使再小的空間也看起來很大。而他作為同樣是東京居民的建築師，對於東京市的建築充滿濃厚的興趣，因此對「礦石宅」的興建計畫作了特別深入的研究。

在東京「地價都非常高，而大多數由開發商興建的房子都不曾顧及到市容。」山下保博說。雖然他對於東京的秩序感甚為驚嘆，世界上也沒有其他城市能媲美，卻仍覺得日本首都可以在美學上花更多的心思。常言「Diamonds are a girl's best friend」，在此「礦石」亦如「鑽石」，勢必能成為城市最好的朋友！

1 完全沒有垂直立面的空間

2 廚房的一角有著倒三角的大型玻璃幕牆，讓煮食時候也能便欣賞窗外風景，增添情趣

3 住宅的入口前方就是停車場

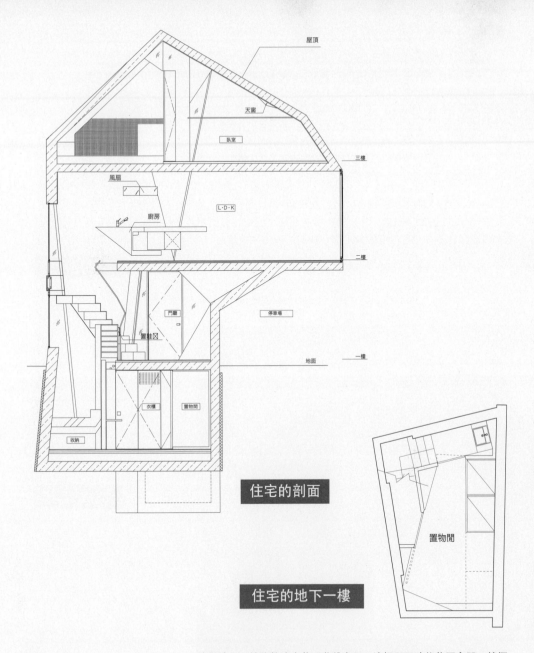

屋頂

天窗

臥室

三樓

風扇

L·D·K

廚房

二樓

門廳

停車場

置鞋區

地面　一樓

衣櫃　置物閒

收納

住宅的剖面

住宅的地下一樓

置物閒

雖然地下一樓比較適合作爲收納空間，這裡卻同時能作更衣間，櫥櫃上還設有全身鏡。爲了讓封閉的空間能有一點戶外感，建築師山下保博在空間的邊緣一角設置了天窗，從這裡穿透而下的光線爲空間取得一些自然採光。另外，在樓梯下的死角設置了洗手臺，方便打掃這裡及一樓空間。

一樓的空間是整棟住宅中最小的。此處除了設置住宅裡唯一的廁所外，大部分的空間都作為收納和置衣間使用。而清洗或維修汽車的工具都能收納與此。

作為LDK的二樓則是住宅內最大的空間。除了建築立面上顯眼的大窗戶作為採光之外，廚房的一角還有一塊倒三角狀的大型玻璃幕牆，做菜時也能欣賞窗外風景。另外，靠近樓梯的廚房角落設置了一張矮桌，方便放置、整理剛從市場買回雜物。

三樓的臥室空間架空在住宅的結構上，充滿閣樓的氛圍。特別是挑高的「鑽石型」屋頂以及來自天窗的自然採光，讓人不由自主的想在這裡睡到自然醒。不過，衛廁設施遠在一樓似乎有些許的遺憾。

住宅的一樓

如此恰到好處的開放性設計，或許將能引發一些周圍街景的改變

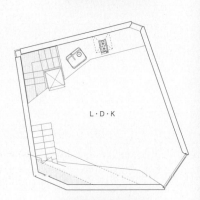

住宅的二樓

住宅的三樓

山下保博 Yasuhiro Yamashita
1960 出生於日本鹿兒島
1986 畢業於芝浦工業大學建築系碩士
1991 設立山下海建築研究所
1995 更名為天工人建築事務所
1999 任職芝浦工業大學客席講師（至2007年）
1999 設立Project1000
2007 任職東京大學大學院客席講師（至2010年）
2008 任職東京理科大客席講師（至2010年）
2009 任職Arcprospect（美國）評議員
2010 任職慶應義塾大學大學院非常勤講師
www.tekuto.com

Q A

Q 過去50年來，日本住宅設計有什麼變化？

A 我覺得比起以前更為細緻、更為安全。

Q 科技的日益發展，是否對住宅設計有所衝擊？

A 是的，我覺得有。在設計方面，電腦技術有效率的產生更多複雜結構的可能性。而在施工過程，它則讓品質達到更好，進而加快建設。

Q 人們對激進設計的接受度是否已經更開放？

A 有的，我覺得因為現在的結構都需要確保安全，因此人們（對激進設計）有了更加開放的想法。

Q 環保是否成為了住宅設計的一環？

A 有，我非常認同這一點。這個世紀是人們該思考環境和節約能源的時刻了。當然，作為建築師，我們也需要考慮到生態環境這一環。

Q 傢俱是否比過去變得更重要？

A 不，我不這麼認為。

Q 好的住宅設計關鍵是什麼？

A 我覺得非常關鍵的是——明白客戶的希望和要求。同時，擁有好客戶也一樣重要。我最慶幸的就是擁有一些好客戶。

Q 你認為未來的住宅設計會有什麼樣的發展？

A 我認為住宅的模式將會從擁有不動產轉換成為出租式的遷移生活。

Q 2011年的東日本大地震是否改變了你的設計手法？為什麼（不）？

A 有的，我深信從十八世紀的工業革命轉移到二十世紀的經濟全球化的動作需要改變，而它也已經在改變了。

Q 日本的年輕的建築師似乎有越來越多的跡象。你認為其原因是什麼？

A 通過互聯網和數位化，任何人都可以用有限的知識來設計建築。此外，這也讓銷售和營銷更為便利。

Q 相對來說，你應該是屬於年輕建築師的一群。相對來說，年齡是否影響你的工作量呢？

A 如果你有更多的經驗，規避風險的機會就比較高，你也因此可以在困難的情況下迅速做出決定，這將吸引更多人的注意並更有可能獲得新的客戶。

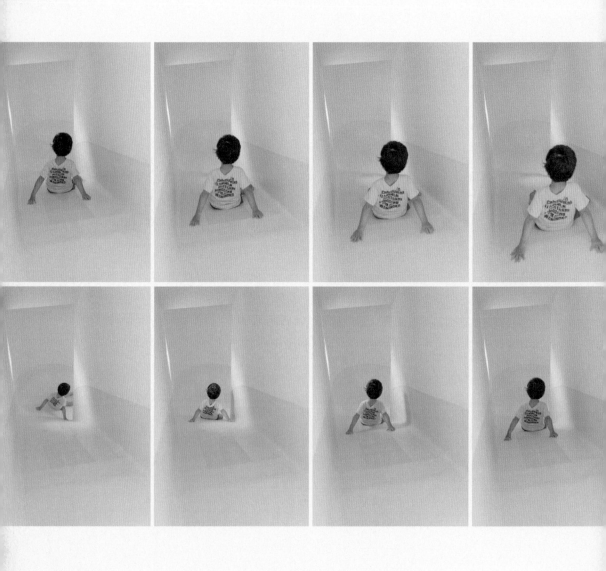

Slide House
溜滑梯宅

所在地 日本東京
建築師 Level Architects

屋主的家庭有三個孩子,他要求建築師設計一棟特殊的房子,好
讓孩子們能有「一生銘記的回憶」。那該怎麼做呢?建築師找到
的答案,是一棟擁有最「童趣」的房子。一棟有三層樓高的「溜
滑梯宅」。

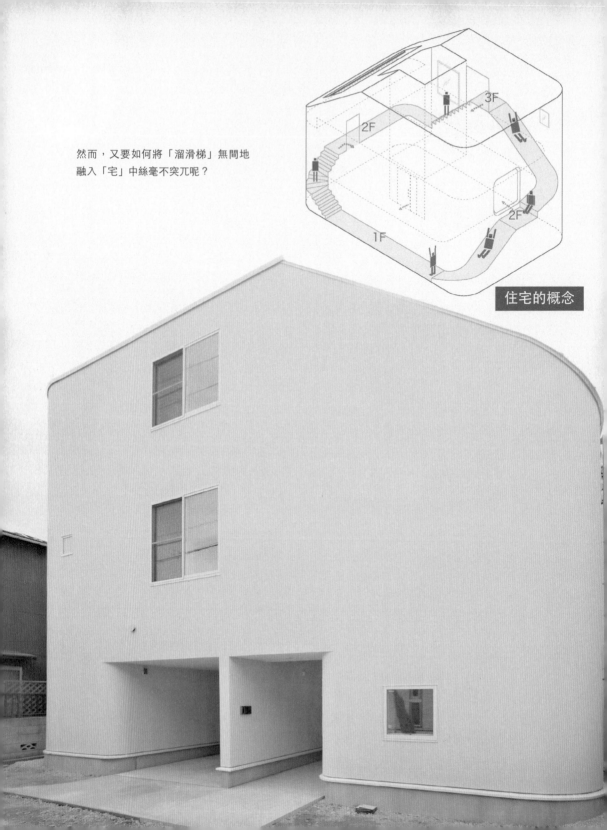

然而，又要如何將「溜滑梯」無間地
融入「宅」中絲毫不突兀呢？

3F

2F

2F

1F

住宅的概念

懷念的童趣永不褪色的家

「我們拒絕採用簡單的模式。」建築師中村和基及出原賢一表示，設計「溜滑梯」是第一次的經驗，因此走訪了無數公園裡的溜滑梯，並實地體驗溜滑梯的樂趣。結果，建築師覺得與其將溜滑梯放置在樓梯旁，或安裝在一個遊樂室裡，倒不如大膽地將溜滑梯融入建築設計中成為住宅不可分割的一部分。「只有讓溜滑梯的功能超越僅作為一個『玩樂設施』才能成為對家有所懷念的一個象徵物。」建築師說，而一間「有溜滑梯的住宅」將會成為名符其實的「溜滑梯宅」。

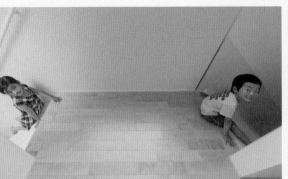

將溜滑梯融入住宅設計中

就像是一般的「溜滑梯」，結構上可分為兩個部分：爬梯和滑梯。進入一樓入口後，爬梯就從右邊開始。沿著牆壁往上一直走，就可以到爬過二樓抵達三樓。如果想從這裡回到一樓，從溜滑梯溜下去只需幾秒鐘。而結構設計上就像一個斜坡，是沿著建物的外圍興建的大型的「溜滑梯」。除此之外，建築師還加入了一些小巧思讓溜滑梯的設置融入住宅中。像是二樓的起居室、飯廳以及廚房空間四周被樓梯和溜滑梯圍繞著。而6公尺長的內置沙發則營造了一種團結的氣氛。自然的光線通過外面的格柵空隙從庭院中灑進來。三樓的臥室空間則沒有隔牆，是每個人都可使用的空間。

「溜滑梯宅」內的溜滑梯就像是內置的系統傢俱，因為「讓這個計劃成為房屋整體的設計」就是建築師的本意，「我們花了很多時間找出斜坡的角度，用最合適的建材來達成最理想的弧度。尤其在每個角落都需要額外加強。」特別是當建築師確定得將「溜滑梯」設計在房子的外圍時，在構造上就變得比較複雜。

由於「溜滑梯」有著L型的彎曲狀，因此在做彎曲部分時真是大費周章，建築師說：「要將它圖面化十分困難，而傾斜度也用石灰漿調整過好幾次。」而正因為這些困難點都是感覺上的問題，因此設計圖

1 2
3 4

5

1 進入一樓入口後，爬梯就從右邊開始。沿著牆壁往上一直走，就可以到爬過二樓抵達三樓

2 幾秒鐘的時間，便能隨著溜滑梯到達一樓的閱讀空間

3 5 建築師內置的靠牆長椅設計，解決了起居室所需的沙發，也為該空間塑造大量的活動區

4 一樓的多功能工作室已經變成了孩子與大人共用的書房

上難以表現的部分必須賴於建築師親自在現場和各工程的師傅一邊討論、一邊施工才終於解決。至此，「溜滑梯宅」才呈現了四角都被圓化的形態。

在這項目完成一個月後，建築師中村和基及出原賢一回到「溜滑梯宅」參觀時，赫然發現孩子們最大的樂趣，並不是享受「溜」溜滑梯所帶來的歡樂，反而是試圖倒著往溜滑梯上爬的挑戰性！或許，這就是遊戲空間的隨機性，又有什麼能比得上這樣將「童趣」融入家庭生活更好的方式？

「溜滑梯宅」的概念非常簡單：進入一樓入口後，爬梯就從右邊開始。沿著牆壁往上一直走，就可以到爬過二樓抵達三樓。從這裡，如果你想回到一樓，用溜滑梯的話就只需幾秒鐘而已。

1 除了溜滑梯，二樓的天井式的陽臺也是孩子們的玩樂地

2 三樓的浴室以白色裝潢為主，屋頂上的天窗有效獲取自然採光

　　建築師利用樓梯下的死角，在一樓設置一間廁所及洗手台，也方便於使用和室及工作室的人。另外在停車處上方有屋簷遮蔽，不但減少日曬雨淋，且能增加車子的壽命。只不過，停好車後得繞一小圈才能進入一樓。

　　為了讓二樓獲得充裕的自然採光，建築師在LDK的空間裡設置了天井式的陽臺，讓光線自然地散佈在各角落。而在進入二樓空間的走道上也有收納衣鞋的櫃子，這樣一來，起居室就能保持整潔也減少打掃的範圍了。

　　值得一提的是，室內那一排靠牆的長椅式沙發設計，既維持了起居室應有的功能，又節省了大面積的空間，對三個活潑的孩子們來說非常適合。另外，沙發下也有設置收納櫃，方便收納孩子們的玩具。

　　三樓的空間看起來就像閣樓。除了臥室及盥洗室外，另外還有一塊陽臺相連，上方有傾斜的屋頂遮蔽不論作為曬衣區或戶外庭院都不缺乏私密性。二樓的陽臺藉著這裡設置的天窗得到充裕的自然採光。三樓的臥室及盥洗空間也因為這扇天窗而有了明亮及舒適的氣氛。

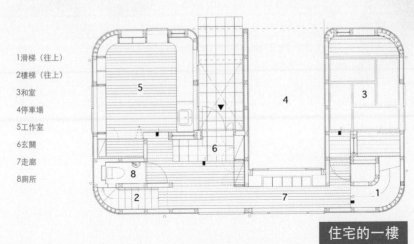

1滑梯（往上）
2樓梯（往上）
3和室
4停車場
5工作室
6玄關
7走廊
8廁所

住宅的一樓

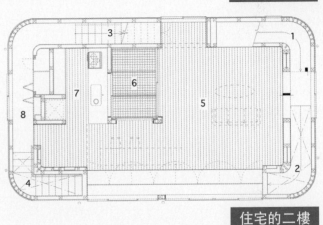

1滑梯（往上）
2滑梯（往下）
3樓梯（往上）
4樓梯（往下）
5起居室、飯廳
6陽臺
7廚房
8走廊

住宅的二樓

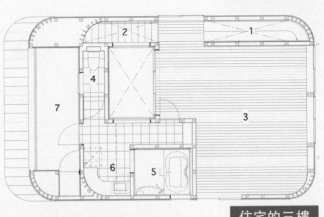

1滑梯（往下）
2樓梯（往下）
3臥室
4廁所
5浴室
6洗手台
7陽臺

住宅的三樓

不管是選擇往下滑溜，或者拚命地往上
奔走，都將童趣融入了家庭生活中

LEVEL Architects

中村和基 Kazuki Nakamura
1973年出生，畢業於日本大學建築系
曾任職於納谷建築設計事務所

出原賢一 Kenichi Izuhara
1974年出生，畢業於芝浦工業大學建築系研究所
曾任職於納谷建築設計事務所

2004年共同設立LEVEL Architects。
www.level-architects.com

Q A

Q 過去50年來，日本住宅設計有什麼變化？

A 隨著技術的發展、素材的進化，住宅性能、空間的看法也跟著進化了起來，但我們的任務還是執著在要求空間構成的設計以及提案上。在這方面我認為並無特別改變。

Q 科技的日益發展，是否對住宅設計有所衝擊？

A 在隔熱性能、隔音性能、耐震性能等的住宅性能等方面，非常受到歡迎。

Q 人們對激進設計的接受度是否已經更開放？

A 雖然大多數的屋主都較期待建築師的提案能力，不過重視耐震性能等住宅性能的屋主也開始增多了，我覺得應該還是要注重在細心周到的設計才是。

Q 環保是否成為了住宅設計的一環？

A 我認為確實是受到極大的影響。對環境問題意識較高的人，大多數會去利用補助金制度、或是導入太陽能光板的使用等。

Q 傢俱是否比過去變得更重要？

A 這我倒不覺得。以前就常說「傢俱」是和「住宅」是緊密相關的，這個意識並無改變。

Q 好的住宅設計關鍵是什麼？

A 首先，我們詢問屋主對於新住宅的印象和想法，再將空間的質和成本作一番檢討整理，然後加入一些驚喜成分，再去向屋主提案。

Q 你認為未來的住宅設計會有什麼樣的發展？

A 技術的發展和提升住宅的性能、設計感是緊密不可分的，我認為這個狀況今後仍舊會持續下去，而我們建築師擔任的角色是不會改變的。

Q 2011年的東日本大地震是否改變了你的設計手法？為什麼（不）？

A 並沒有特別的影響。對於311的日本東北大地震等級的耐震性能，從以前就一直保持沒變。而有關海嘯和核能危機方面，我認為這不是單就住宅的設計就能解決的問題。

Q 日本的年輕的建築師似乎有越來越多的跡象。你認為其原因是什麼？

A 我認為年輕族群對於時代的需求是很敏感的。而且，也有很多出奇不意的提案。

Q 你應該是屬於年輕建築師的一群。相對來說，年齡是否影響你的工作量呢？

A 當然是有受到影響。在這個業界，實戰成績是和說服力直接劃上等號的。像我們這樣的年輕世代，我覺得重點是在打破那個實績迷思的提案能力吧。

東京

Tokyo Apartment
東京公寓

所在地 日本東京
建築師 藤本壯介建築設計事務所

你對東京的住宅印象是什麼？或許是密密麻麻的建築群中，多戶人家擠在低矮樓房的狹窄空間裡。因此，若是能夠住在獨棟的房子裡的人應該會被認為又幸福、又自由吧。然而，在高密度的住宅區，就不能住得讓人感到安心嗎？

「東京公寓」是建築師藤本壯介的第一
件集合式住宅項目。在此，他把孩童時
期對「家」的最初印象以堆疊的山牆式
房子呈現，那是既天真又大膽的設計，
其中，或許，建築師找到了關於城市過
度壅擠的解決之道。

改變人生的奇蹟住宅

「東京公寓」可說是誕生於逆境的思考，而非是優渥的生活。這一塊建地的主人（公寓的屋主之一）是一位五十多歲的退休推銷員，6年前為了照顧中風的妻子才辭去工作，然而當他意識到有生之年積蓄總有耗盡的一天，就希望能從這一小塊土地上獲取一定的收入。

因此，屋主為了著手計劃興建出租式公寓，前後洽談過6位建築師，最後藤本壯介脫穎而出。「我的想法是創造一個無限富饒的地點，就像這個城市一樣的擁擠和無序。」藤本壯介說。這位建築師經常以「花園」或「森林」作為建築的主題。這次，他將房子比喻為「山」。

藤本壯介以6個山牆式屋頂形狀的「房間」堆疊組合成4個住宅單位，從小而美的一房一廳到三房的格局可供不同住戶的需求選擇，而每戶的出入口雖然獨立，沿著建築外牆曲折而上的白色扶梯，卻是共享的戶外的體驗，感覺好像是在城市中攀爬一座山，而住戶則住進了在「山腳下」或「山峰上」的房子。山，就像是這整個城市可隨心所欲的探索。這樣的集合式住宅就像是東京市的縮影，建築師藤本壯介說，這是個「未曾存在的東京」。

一開始屋主並沒有預想到要進行這樣規格的興建計劃。然而透過建築師藤本壯介的遠見以及親身參與該計畫的保證，經過說服後才讓屋主同意「東京公寓」的設計及興建，再加上來自銀行的資金以及城市管控理事會的批准，這項計劃才得以順利執行並完工。像這樣天馬行空、充滿想像的建築，展現出日本城市（人）對於自由的高度嚮往。

「東京公寓」有一種強烈的吸引力，或許是來自於它毫不費力的特質。但他卻如此說，「我們花了很多時間去考慮，像是房子在堆疊的概念中要抽象化或具體化，綜合兩者又能有多少融合的程度？」又說：「我們還嘗試了各種顏色、材料以及屋簷的深度等，雖然最終決定的設計仍是簡單的，卻揭示了一些質感和遮蔭的部分。」

像這樣天馬行空、充滿想像的建築、展現出日本城市（人）對於自由的高度嚮往

沿著建築外牆蜿蜒而上的白色扶梯

建築師藤本壯介採用了木料作為主要建材，建築立面則統一用帶肋鋁鋅合金（Galvalume）塑膠密封布作包層。而全白的建築「也不是為了表達抽象感，反而是一種身在視覺紊亂的東京城市中，讓建築的結構、單位及規模作出回應並與城市產生關係。」

「東京公寓」後來受到媒體的關注讓屋主感到非常高興，他給它取了另一個名字「垂直小巷」。鄰居們也開始對屋主感到好奇。屋主非常期待未來的房客入住，並在這裡生活著，他笑著告訴人們說這一切「改變了他的生命。」而最終「東京公寓」已經不僅是一項興建計劃，而是一種「歐普拉」（Oprah）式的生命奇跡。

1 其中一戶人家的二樓入口處

2 廚房裡的料理台充滿著工業感

3 建築師巧妙地與玻璃幕牆作浴室的圍合，不會讓空間在視覺上變小

4 除了建築外的樓梯，傳統的木梯也成爲了空間的連接

5 6 建築立面的連接性也成爲了賞心悅目的東京風景

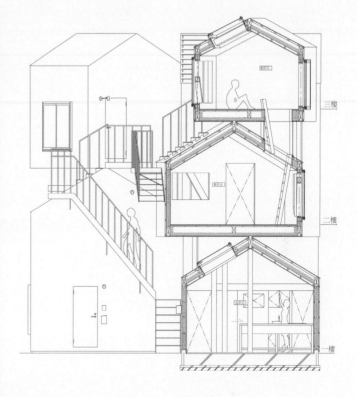

三樓

二樓

一樓

東京公寓的4個單位（Type
A～D）中的層疊。簡單來
說，一樓可切成A與D兩個單
位空間，而沿著樓梯爬上二樓
玄關就是單位B，再往上到三
樓就是單位C。嚴格來說每戶
的空間大小相差並不大。

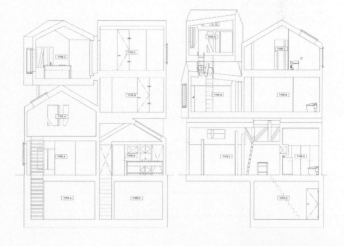

住宅的剖面

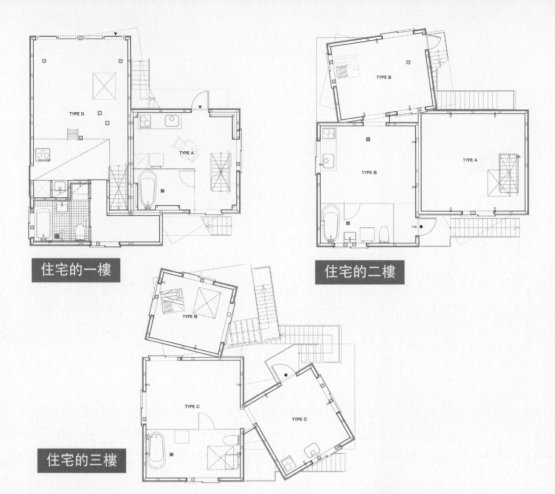

住宅的一樓

住宅的二樓

住宅的三樓

D單位是屬於長形的空間,沒有二樓空間卻有地下一樓作爲臥室用。另外在廚房上方也有一小塊閣樓式空間,可作爲收納的置物櫃。浴室的設置靠近陽臺,使得封閉式的空間有了自然採光。

A單位一入門,便給人小而美的感覺,一併納入了廚房、飯廳和浴室的空間。這個單位從二樓及地下一樓分得了一部分的空間,因此臥室及起居室各自有了「房子」一樣的寬敞空間。

B單位最特別的是有兩個出入口,因此居家生活的動線可隨屋主的喜好更換設計。另外,它是唯一一戶閣樓式設計的空間。

而C單位或許是單身一族的最愛,它僅有一個位於三樓的玄關入口,因此爬樓梯回家還可以順便當運動。雖然比起其他單位C單位的空間比較小,因此建築師將浴室的空間變大(占了臥室的一半),讓LDK與臥室明顯地分開,達到最基本的一房一廳的小單位設置。

藤本壯介 Sou Fujimoto
1970 出生於日本北海道
1994 畢業於東京大學建築系
2000 設立藤本壯介建築事務所
2008 任職京都大學、東京理科大學、昭和女子大學客席講師
www.sou-fujimoto.net

Q A

Q 過去50年來，日本住宅設計有什麼變化？

A 在20世紀，西方風格的房屋必須有一間臥室、客廳和飯廳，而每一塊空間都有各自的名稱及特定的功能。現在這個系統變得越來越模糊，而人們希望擁有更多功能的空間。我深受日本傳統住宅的影響，也就是那種層次的設計，特別是「engawa」，即是「不是室內也不是室外的空間」。設計住宅就像是景觀設計一樣，人們應該能夠穿梭或停留在其中一個地方。

Q 科技的日益發展，是否對住宅設計有所衝擊？

A 毫無疑問的是，新技術正在改變人們的生活方式。我比較感興趣的是它如何影響人體，以及我該如何將之與建築進行聯繫。我常常都在使用我的iPhone和網路，而且我自覺這技術已經讓我們從大自然中分離。因此在「戶外」的感覺如今變得比以往更為珍貴。這就是我的建築所要傳達的概念。

Q 人們對激進設計的接受度是否已經更開放？

A 我覺得有。

Q 環保是否成為了住宅設計的一環？

A 我對這個課題非常感興趣，不過覺得它應該比採用太陽能電板和再循環原料的東西更為基本。我喜歡嘗試一種能察覺到環境的建築手法——例如製造空氣的流通，以及設計樹木種植的方位。但我所有的房子都裝有空調，因為日本的夏天是非常炎熱的。但在最理想的情況下，你總是會想要結合實際的生態學，以及營造有趣的建築體驗。

Q 傢俱是否比過去變得更重要？

A 100年前，日本的房子幾乎都沒有傢俱，也許僅有「zabuton」（地板坐墊）。因此，擁有傢俱是一種很大的變化。我對那些可以成為建築景觀的傢俱，或是能成為傢俱的建築比較感興趣。

Q 好的住宅設計關鍵是什麼？

A 我認為房子的內與外必須要有良好的關係。建築雖不善變，但天氣、季節和房內居民卻相反可以，所以我們的工作就是要找出一個框架來容許這些變化。如果建築太強大，它就可能消除這些變數，這反而是我們所不期望的。

House of Ujina
屋瓦宅

所在地 日本廣島
建築師 MAKER

乍看之下，「屋瓦之家」似乎沒有太明顯的特色。它的外牆採用了一般用來作屋瓦的材料包覆，顯現一種極簡中帶著嚴肅感的單一性風格。

一旦夜幕低垂，它又變身為「隱藏版」的高級時尚
店面，一般人很難把它跟「住家」聯想一起。

1

遊走在矛盾與對比中的美景宅

當谷川智明談到「屋瓦宅」的設計概念時，他坦誠，這塊建地如此狹小因而需要考慮到如何將室內空間擴大，而緊貼著鄰近住宅也需設計出兼顧私密性的空間。此外，除了上述兩點，住宅的採光及通風仍不可被忽視。谷川智明在幫屋主同時也是老朋友設計「屋瓦宅」的時候，這些因素是必然要達成的。除此之外，還有來自屋主的請託，谷川智明說：「他希望能有個和愛車零距離的車庫，以及在LDK的空間作跳層（skip floor）的設計。」

2

　　而建築師自己也有期望，他想要「打造一個具備內與外兩面性的住宅。」

　　將車開進「屋瓦宅」，一停好車即面對入口的大塊玻璃帷幕牆，視線正好能一覽整個一樓的空間與走廊的情況，同時車庫也因為面向西面，能在夕陽西下時有效將光線引入室內。走廊的盡頭的一邊可進入設置在一樓的臥室，另一邊則有通往二樓的樓梯。而有別於一樓的隱密性，二樓的空間則沿襲日本傳統住宅的結構風格，挑高的天花板直至屋頂，住宅結構中的木造橫樑都曝露在外，居家空間頓時開闊了起來。空間中白色的牆面及木造裝潢則帶入溫暖的感覺，而從外到內的設計，的確就如谷川智明所說，住宅的內在與外觀形成了對比的效果。

　　然而，外在的設計雖隔開了來自鄰里不必要的干擾，有效地為居家生活帶來私密性，卻在設置對外窗時發生了矛盾。為了不影響原有的設計，谷川智明決定只使用兩種類型的窗戶。首先他在東邊的立面上安置一個巨大天窗，提供室內充裕的主要採光。天窗加上挑高的天花板使得LDK充滿了立體空間的解放感。此外，南邊及北邊也設計了形狀較小的窗戶，形成自然對流的換氣效果。

「屋瓦宅」看起來沒有特色卻內藏乾坤的設計，對建築師谷川智明而言，其實來自於他所秉持的「永遠保有靈活思考與好奇心」的理念。他說總是會將自己從生活和興趣（他熱愛音樂和運動）中所獲得的驚喜與真誠轉變爲靈感，而建築及室內設計因此成爲了發揮才能的媒介。

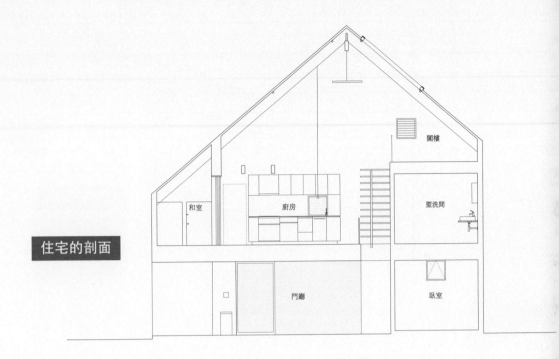

住宅的剖面

和室

廚房

閣樓

盥洗間

門廊

臥室

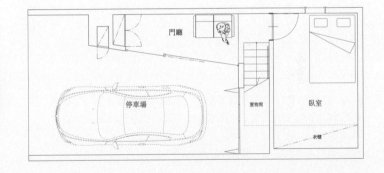

住宅的一樓

門廊

停車場

置物間

臥室

衣櫃

1 二樓的挑高天花板直達屋頂

2 裸露的木造橫樑有一種日式住宅風情

3 二樓的盥洗空間雖然密閉,但是有了陽台就達到自然採光的效果

4 結合LDK的二樓空間旁,不但還有和室,而且設有推拉門,在需要時分隔出兩個感覺不同的空間,進而創造多元性

從建築的結構上看,其實這棟住宅要成為3層樓的結構不難,空間上也足以規劃出更多元的室內功能,然而——就得放棄挑高式的開敞空間。因此比起規劃出更多空間,建築師谷川智明對於「留白」的價值更為珍惜。

谷川智明大量地利用死角以加強收納的功能。像是樓梯下的置物櫃、玄關角落的鞋櫃等。在設計上也盡量達到內外兼具的模式。

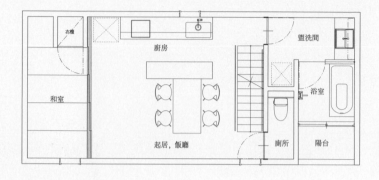

衣櫥
廚房
盥洗間
浴室
和室
起居，飯廳
廁所
陽台

住宅的二樓

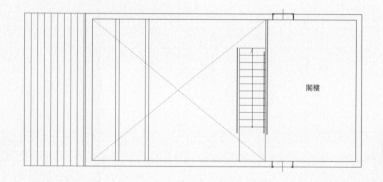

閣樓

住宅的三樓

飯廳中有中島流理台使上菜變得容易，也讓做料理的人還可以一邊閒話家常。雖然這樣讓起居室的功能變弱，但上方寬敞閣樓以及和室也可以作為起居室。和室一角還設置了衣櫥，可隨時成為客人臨時放置衣物的地方。同時也活用死角，讓完全打開的和室與飯廳、廚房結合成一完整的LDK空間。

谷川智明以跳層設置閣樓，其實是為了要設置一塊寬敞的盥洗空間。這塊區域不但有廁所、洗衣機、浴室（而且還是浴缸式的），另外還設有陽臺，當陽光不充足時屋主也能在此曬衣物。另外巧妙的設計還包括將廁所和盥洗間分開，因此家庭成員多時，使用動線就能更流暢，而且從一樓臥室往上走很快就能到達。

三樓的空間功能是開放式的，它的寬敞性可彌補二樓起居室的不足。在此設置沙發、電視也很適合。若放置桌椅、電腦或是運動器材，就成為全家人都可以使用的休閒區。

谷川智明 Tomoaki Tanigawa
1972 出生於日本廣島
1994 畢業於廣島修道大學
2008 設立MAKER建築設計部門
the-maker.jp

Q A

Q 過去50年來，日本住宅設計有什麼變化？

A 住宅的高氣密化讓天然素材所打造的日本傳統住宅有減少的趨向。

Q 科技的日益發展，是否對住宅設計有所衝擊？

A 因為高氣密化所產生的濕度問題和冷暖氣機的普及，使得空氣有過度乾燥的現象。

Q 人們對激進設計的接受度是否已經更開放？

A 客戶及居住者的意識已相當進步，對於建築師極端的提案也能有深層的理解，現在已經可以建造嶄新的住宅了。

Q 環保是否成為了住宅設計的一環？

A 為了節省能源及提升能源效率，具備高氣密、高隔熱、長壽命等各種功能要素以及能長久持續住居的住宅之需求有越來越多的傾向。

Q 傢俱是否比過去變得更重要？

A 充實生活型態的意識越發高昂，生活起居中不可或缺的傢俱也變得越來越重要。

Q 好的住宅設計關鍵是什麼？

A 看起來最難處理的地方反而更要挑戰，努力去打造出來。

Q 你認為未來的住宅設計會有什麼樣的發展？

A 嶄新的設計或是能抑制環境負荷、減少二氧化碳等的環保綠建築。

Q 2011年的東日本大地震是否改變了你的設計手法？為什麼（不）？

A 免震、耐震建築物的必要性。

Q 日本的年輕的建築師似乎有越來越多的跡象。你認為其原因是什麼？

A 因為這要動員了所有的腦力、品味、浩瀚的知識等才能打造出作品，是魅力十足的職業。

Q 相對來說，你應該是屬於年輕建築師的一群。相對來說，年齡是否影響你的工作量呢？

A 越累積經驗就越有深度，如此才能做出超越居住者期望的最佳設計。

Vista
全景宅

所在地 東京 西台板橋
建築師 APOLLO Architects & Associates

建築師黑崎敏說：「當屋主，一對夫妻買下這塊地時，上頭還有
一棟老房子。它在被拆掉之後所呈現的空間感，卻是東京住宅中
難得一見的奇景。當我站在這塊空地下方往上看時，這個住宅的
形態便立刻出現在腦海裡。」之後，黑崎敏很快地就向屋主提出
建議，幾乎立刻就得到屋主的同意。

「全景宅」的設計可說是來自於一瞬間的巧思。

2 廚房與木料包層,達
到一致性

被天空擁抱的家

這塊地的北側是居高臨下的美麗景觀,而建築師黑崎敏的設計重心理所當然地放在每一層樓的空間內都能享受到戶外的生活樂趣上。「為此我們決定啟動這建築所在位置的潛能,在屋內安裝全景式窗戶,好讓屋主能在毫無遮蔽的情況下,把優美風景收入眼底。」黑崎敏說。

　首先,在一樓設置了一間小型的日式榻榻米臥室,內有浴室、梳妝區及露臺的設置。二樓則是作為單一的、帶有屋頂陽臺的開放式房間。書架則安裝了結構牆,旁邊就是飯廳的餐桌,因此作為閱讀空間也很舒適。走上三樓則是孩子的房間以及一塊大面積的戶外生活空間,一家人可以在此悠閒地享受房子周圍的美麗景觀。

每一塊空間裡都有全景的窗戶設置，因此不論走到哪裡都有寬廣的視野及充足的採光。雖然看見的都是同一片風景，但透過室內不同區塊及功能的空間感，仍可帶給屋主不同的視覺感受。

另外，「全景宅」也並非是十全十美的，在這個地理位置上與建住宅也有需要解決的隱憂。黑崎敏針對設計及興建時所遭遇到的困難補充說明，像是在住宅的北面就需要加強抵禦強風的措施，黑崎敏說：「所以，我在設計中即便採用了大窗戶，也不忘保留能開關的通風口。」而位在懸崖上的住宅地基也需要增強。另外，在美學上也需要顧及跟鄰近住宅間的和諧性。

從室內空間看，也可發現建築師為了建築構造的穩定性所作的處理。看起來主要是木造結構的建築，而為了支撐住大型的空間，所以部分的建材採用了鋼筋框架。黑崎敏認為，這種結構方式是經過結構工程師認可的，既確保了實際的建築安全性，也能減少額外支出，確實是一舉兩得。

黑崎敏記得，當完成住宅的骨架後，他站在二樓透過開口俯瞰全景，那時便深信這會是一個成功的計劃。如今，站立在懸崖下仰望這一棟白色光滑感的物件，看起來就像是飄浮在山頂上的一朵白雲。任何人都能感受到那樣的象徵，為那樣不朽的存在而讚嘆。「全景宅」的空間特質，結合了平凡及不凡的元素後，體現了城市住宅的興建的更多可能性。

1

1 大型的窗口其實安裝了推拉式的開口，讓通風之餘亦能抵禦強風

2 樓梯下的死角也被應用作為收納空間

3 一樓入口處是大量的收納空間

4 最過癮的，就是躺在與陽台連接著的浴室，在這裡泡澡

2 **3**

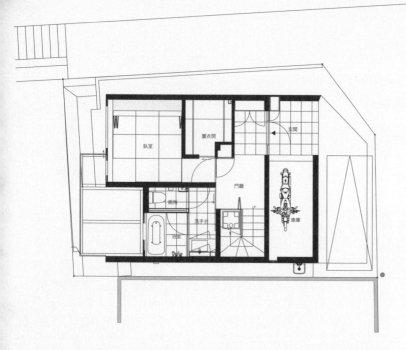

往二樓的樓梯下死角被作爲收納空間。另外，除了一樓入口旁的開放式停車場外，建築師黑崎敏還爲熱愛騎單車的屋主設置了隱藏式的車庫，也可以作爲小孩置放單車的地方。屋主夫婦的臥室就設置在看起來封閉的一樓空間中，然而臥室外的陽臺卻讓這個空間有了戶外的滿足感。

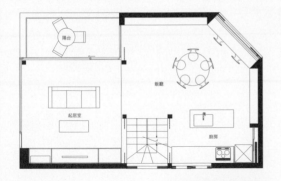

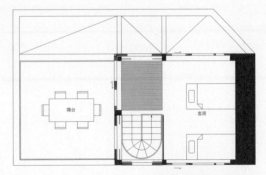

住宅的二樓　　　　　　　　　　　　　住宅的三樓

二樓是開放式、寬敞的LDK空間，全景式窗戶的設置帶入充足的自然光線。起居室四周以玻璃帷幕圍合，面向街道的飯廳空間也開設了一大扇窗戶。天花板裝設柵格有鏤空的效果，因此陽光再從上方灑入空間中。值得一提的是飯廳裡設置的桌椅，就像是日式餐廳裡面向著街道的單人座位，為用餐增添一些趣味。二樓的小陽臺也非常靠近廚房，想要享受一場戶外的午茶時光或是用餐都很方便。

1 **2** 寬闊的LDK空間，有著大量的採光元素：玻璃幕牆圍合的起居室，面向街道的飯廳窗戶，還有柵格式的天花板，將三樓的陽光引入

3 **4** 三樓的閣樓連接著寬闊的屋頂露臺，讓人可仰望整個東京西台板橋市

這裡將一般常見的主臥室和盥洗空間設置在一樓，讓孩子們一回到家、把鞋子放好後直接上樓到起居室與家人打招呼，之後才能到三樓各自的空間去。

3 **4**

被天空擁抱的家

黒崎敏 Satoshi Kurosaki
1970 出生於日本石川縣金澤市
1994 畢業於明治大學建築系
1994 任職於SEKISUI HOUSE
1998 任職於FORME建築士事務所
2000 任職於APOLLO建築士事務所
2008 任APOLLO建築士事務所首席建築師
2008 任日本大學理建築系客席講師
www.kurosakisatoshi.com

Q 過去50年來，日本住宅設計有什麼變化？

A 50年前，要建造一棟房子仍然是一大夢想。而作為人生的追求目標，也僅只是一種表現出現代富裕生活的手法。20年前，一個家庭裡會有4位成員，但現在多只有2.5人。單親家庭的情況也不少。因此已逐漸沒有「一間房子一個家庭」的狀況。所以未來所需要的是以新社區標準來興建的住宅設計。未來一個城市，出租的房子將越來越多，而這樣的生活模式也將成為平凡的收入來源。另外，家庭式的郊區房子則在成本上會有所降低。

Q 科技的日益發展，是否對住宅設計有所衝擊？

A 房屋設計和技術創新是分不開的。在這樣的進展速度下，房子將會演變成為高性能的設施。相反地，手工建造的房屋也會因質感的流失而獲得關注。其實，保持平衡才是各時代不朽的設計。

Q 人們對激進設計的接受度是否已經更開放？

A 沒有。相反地，「終極的普通」（ultimate nomal）才是一直被需求的。我自己也在朝這個方向前進。我認為，較極端的東西只能短時間發光，對於住宅設計而言這樣是不足夠的。雖然空間普遍上都可因時代或人生階段作應對及變化，但日本人想要的是真實感和傳統性。

Q 環保是否成為了住宅設計的一環？

A 近年來，每年仍然有70000間新建房屋，雖然這數目已有所減少。其中大部分都是小型土地的建案，而這樣的房屋也組成了一座城市。所以我認為，它們對城市的影響是非常巨大的。每間房子只要在設計上考慮到環境影響，便能通過降低能源負載而明白到節約能源以及永續環境的意識。

Q 傢俱是否比過去變得更重要？

A 傢俱已發展成為空間的一部分，而不是空間內的額外產品。它往往會與空間都在同一階段內被設計。

Q 好的住宅設計關鍵是什麼？

A 我認為「全景宅」除了在構造上很特殊，也能持續在社會上、在當地為屋主塑造形象。而不管在任何情況下，我相信這會是一個永續的，是為人類、社會及城市帶來美好的家園。因此我確信自己會投注時間在設計及管理上。

Q 你認為未來的住宅設計會有什麼樣的發展？

A 大規模生產及大量需求的時代已經成為過去。當家庭人口數逐漸減少，一間大房子將成為不必要。建築師並不會因建築的規模小就無法感到滿足，反而要更費心在空間設計上，不單要切合當地民情，並以住宅的力量再現地域性及豐盛的民情生活。

Q 2011年的東日本大地震是否改變了你的設計手法？為什麼（不）？

A 這場災難對我們有著無法估量的影響。我意識到日本是一個地震災害的影響區，再多的安全措施都是有限的。而經歷過震災以後，一個小小的社區重建記憶也很容易、很快地就被淡忘。因此「個人」就與「孤獨」相等。而未來我們得在設計上將單一住宅看作是社區住宅也說不定。

Q 日本的年輕的建築師似乎有越來越多的跡象。你認為其原因是什麼？

A 日本，特別是東京，可說是一個由私人土地集合而成的平臺。人們如果有資金就會購買土地，而後再找建築師設計一間房子，這是在世界上的其他大城市中比較少見的。因此二十幾歲的年輕建築師可從設計住宅開始收集到刺激性的經驗。此外，世界各國也都在宣揚日本建築師們的敏感度和高科技感。

Q 相對來說，你應該是屬於年輕建築師的一群。相對來說，年齡是否影響你的工作量呢？

A 在日本有很多的30、40歲出頭的屋主。我並不認為年輕就容易受他人影響。然而建築行業依然是需要高度專業及廣大視野的。所以，有經驗和有一定年紀的建築師將有可能影響到其他領域，特別是住宅（設計）。因此，作為一個建築師，最重要的還是需要在年輕時獲取更多的經驗。

廣島

Wrap House
裹身宅

所在地 日本廣島
建築師 FUTURE STUDIO

這塊位於住宅區西南方的建地,幾乎所有的面都被周邊房子包圍,其中一面甚至是直接連接的。而對於自家住宅的設計相當熱衷的屋主,當時常常半夜跑到建築師家去討論。還好屋主跟建築師小川文象是老相識了,而結果也令雙方都相當滿意。

簡單來說,「裏身宅」就是將陽光、寬敞感及隱私3個
元素進行組合與包裹,進而產生豐富的生活空間。

隨著光的時間流動的房子

建築師小川文象意識到這一塊建地的偏限性，決意將所有可建樓面面積作極致使用。另外要在建築內打造戶外空間，露臺便成為關鍵的設計選擇。一般的露臺設計雖能得到充足的自然採光及寬廣的空間感，但是隱私性就得要做取捨。若是將露臺四周都圍上牆面後再做一個「開口」，這樣一來不就解決問題了嗎？

　　但小川文象卻認為「開口」的設計必須均衡搭配各項元素。首先「裏身宅」在動線上的設計偏向北面，若在這裡建立一個露臺，正好面對著毗鄰的停車場及街道，沒有其他建築的遮蔽，就能有寬敞的視覺感，作為住宅內部居家生活空間的延伸正適合。此外，考慮到鄰近多數房子都從西面得到自然採光，小川文象於是選擇山牆式屋頂完工，並建立了一個V形的環繞式牆面，把「開口」的東側周圍包裹起來。

　　經過巧妙的安排，露臺空間從外觀看起來若隱若現，完全達到設計的初衷。一走入宅中卻與想像中很不一樣。原以為會是陰暗的車庫（因為被一樓的整片露臺所遮蓋），其實並沒有天花板，一片框住天空的對角牆從車庫延伸到頂部去，而露臺空間也沒有想像中大，老實說會有一點被騙的感覺。

1 在方形建築上切一塊開口的住宅

2 V形的環繞式牆面包裹住建築東側

1 **2**

　　但請稍安勿躁。小川文象說，早晨當太陽在東邊升起時光線會射入「開口」形成「陽光井」。隨著太陽逐漸升高，光線將通過上層窗口照入二樓空間，藉著白色牆面的反射而照亮房間。同理，當太陽西下時也會有一樣的效果。如此一來，引入室內的光線將隨日出到日落展現變化，而空間感也隨著時間的流動，營造了多變的氛圍。

另外，小川文象還巧妙地在屋內角落種植一棵高6公尺的白蠟樹穿過二樓的露臺。當夜幕降臨，對角切牆出現時，周圍的景色會消失，一個現代感、禪味十足的私人庭院就出現了。除此之外，在這棵樹的對角處還特別騰出一塊三角形的空間，讓屋主能在一樓的浴室內享受到一小片的天空。

嚴格來說，「裏身宅」若沒有北面的開口設計，就只是一個平凡的方形住宅。因此會被誤認為是一棟「沒有設計感」的方形住宅。然而在其平凡中卻處處可見日本住宅設計的基本素材。而要讓一個「再沒有設計感」的方形住宅極致地提高潛力，在小川文象的眼中，來自於因建地所提出的各種地理挑戰和人為因素。「裏身宅」誕生的祕訣就來自於這些規定中。

1️⃣ 東邊升起的陽光藉著白牆的反射照亮室內

2️⃣ 一樓主臥室在採光上，除了利用大型窗戶，還爲了更能接觸到戶外，以玻璃推拉門的方式，與中庭連接起來

3️⃣ 最精彩的設計，就是一樓的浴室。每次泡澡時，都能讓屋主擁有一小片天空

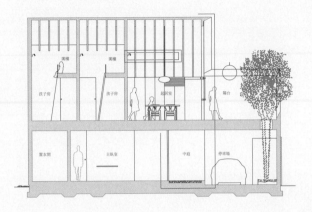

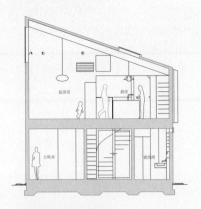

住宅的剖面

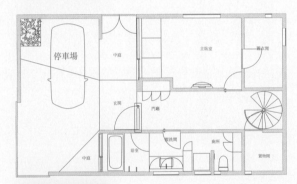

住宅的一樓

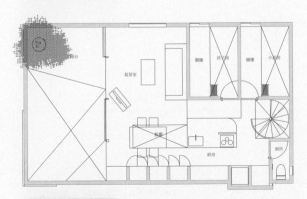

住宅的二樓

二樓空間的挑高設計讓孩子的房間都能擁有閣樓式的空間，豐富孩子們的活動範圍。而開放式的空間設計作為孩子們的臥室及書房都很適合。

　　主臥室被設置在一樓，自然採光的部分卻沒有被忽略。臥室的牆面上設置了大型的窗戶，還裝置玻璃推拉門連接中庭，另外也特地以磨砂玻璃牆作間隔以確保私密性，儼然成了主臥的專屬庭園。主臥室中的部分地板鋪設了榻榻米，為現代住宅增添了一點傳統風情。

　　走進一樓空間，第一眼就看見鞋櫃、置物櫃等收納空間。往二樓處，利用訂製的旋轉樓梯比較節省空間，不過樓梯下的死角通常難以再利用。但小川文象卻發現那裡正好可以容納一扇門打開的空間，因此死角便成了隱藏式置物間。而另一邊也可作主臥室的置衣間。

起居室靠近陽臺的牆面全都採用玻璃幕牆，因此飯廳和廚房的牆面都被安裝上壁櫃和嵌入式家電。二樓也設置了小型的廁所方便孩子們使用。偶爾聚會的時候也不需要跑到樓下的廁所去。

而在孩子的房間有閣樓式的設計，小川文象也不忘在牆面上裝置更多的窗戶。雖然在這一種開放而多功能的空間設計下，可能讓孩子老是躲在房間裡，然而這裡與LDK設在同一樓層，因此全家人的活動空間便有了連結，能有多點機會在親子的溝通與互動上。

1 孩子的房間裡還設置了閣樓的空間，但建築師卻不忘在牆面上置入窗戶，以取得採光

2 二樓廚房

3 二樓起居室

小川 文象 Bunzo Ogawa

1979 出生於日本山口
2003 畢業於芝浦工業大學建築系。
2004 畢業於英國UCL大學建築系碩士
2004 任職於Jean Nouvel倫敦辦公室（至05年）
2006 任穴吹設計學院講師
2008 設立FUTURE STUDIO
2009 任廣島國際大學客席講師
www.futurestudio.jp

Q A

Q 過去50年來，日本住宅設計有什麼變化？

A 人們的生活方式都改變了。所以住宅設計也隨之而變。我覺得人們需要的是更便捷與更舒適。

Q 科技的日益發展，是否對住宅設計有所衝擊？

A 有的。並不僅限於住宅設計，還包括了所有的建築設計。

Q 人們對激進設計的接受度是否已經更開放？

A 我並不覺得。但我們希望如此。

Q 環保是否成為了住宅設計的一環？

A 是的。我們必須從現在開始考到此事。

Q 傢俱是否比過去變得更重要？

A 我並不認為如此。我們一般都有在做傢俱。雖然我們創造的是空間，但是傢俱也是空間的一部分。

Q 好的住宅設計關鍵是什麼？

A 細節。

Q 你認為未來的住宅設計會有什麼樣的發展？

A 我覺得我們會因為科技，而可以創造更多自由的形態。

Q 2011年的東日本大地震是否改變了你的設計手法？為什麼（不）？

A 沒有。

Q 日本的年輕的建築師似乎有越來越多的跡象。你認為其原因是什麼？

A 因為年輕設計師比較容易自行發展了。

Q 你應該是屬於年輕建築師的一群。相對來說，年齡是否影響你的工作量呢？

A 有的。因為信任是客戶和建築師之間最重要的。

静岡縣・燒津

XXXX
參差宅

所在地 日本靜岡縣 燒津
建築師 Mount Fuji Architects

「汽車是我們想要擊敗的對手。」建築師原田真宏和原田麻魚
說。而這聽起非常有氣勢的宣言其實來自屋主的要求。「他說，
想要把買豐田汽車的錢省下來，拿去蓋一間可以作為畫廊、也能
展現自己陶瓷藝術的工作室。所以，搭建的預算可說只有一輛家
用車左右的超低預算。」

「我覺得，在追求合理性的設計上有極大的可能
性。而能再次確認由自己親手打造出來的建築、這
個理所當然的事實也是一種收穫。以此所打造出的
建築，會具有一種融入人群且具親和力的存在。」
建築師原田真宏和原田麻魚這樣說。

製造過程：

1 水泥地基先建好，然後安裝上地板，再將牆面組裝起來

2 以地板的相同模式，蓋上屋頂

3 建築的雛形結構完成後，前方再加入推拉式玻璃門，而框架間的三角縫隙，以小塊玻璃封上完工

單一而重複的幸福感正在進行式

建築師說：「因為汽車就是一個附空調、附汽車導航系統和電動車窗的『流動的個人空間』，超級厲害！而我也想實現一個比一輛汽車還更『便宜且高品質的建築』，所以才會接下這個工作。」從這段話就可明白「參差宅」的設計初衷了。

屋主僅僅只有15萬日元（約4.2萬臺幣）的預算，不論怎麼看，這筆錢要用於設計興建任何形式的建築物都是一個差很多的小數目。然而，在這裡建築師考量的卻是「是否能確實地將預算變成建築品質？」、「可否在高度專業化和社會定義的建築世界裡讓成品體現美感和理性？」諸如此類的問題。這些是多年來一直困擾著建築師的事情，而如今終於有驗證的可能性。這也就是為什麼建築師對於這樣的小預算工程，卻感到極大興趣的原因。

然而當預算少得可憐時就完全不能找承包商。因此除了少數需要專家手作的工程，其餘都得要建築師自己一手包辦。「幸運的是，屋主及他的家人曾經是船的設計師，對創作東西有不錯的手感，能助我們一臂之力。」而最終的設計概念，就是「徹底的合理化」的實踐，也就是在使用複合機能建材的同時減化數量，這樣就可以使用最少的人力，且用最簡略及最短的施工期完成。而一棟以傾斜框架構成，左右間隔排列成X形的複合結構便誕生了。

建築師為了營造無柱式（astylar）的空間〔或稱為移捆綁結構（shifted-trussing structure）〕，採用了由4種面板膠合成的建材，成功的一次性結合柱、樑、支撐、整理材料、絕緣材料、窗架、屋架等結構上的必要元素，用這樣的技術不但降低成本、節省時間及施工過程，也增加了建築本身的價值。

驟1-空間.

驟2-切片.

驟3-擺動.

驟4-滑動.

住宅的概念

0:　　　　X:　　　　XX:　　　　XXXX:　　　　kX:

1 2 因為結構的縫隙中以
玻璃封上,因此光線能自
然穿透,灑進室內。建築
的最後方,其實還有一小
塊簷廊,可供屋主靜地
享受室外美景

3 這個多功能的空間,或許
有一天還會被屋主擴建,
當小旅館使用呢

看起來像是通道一樣的結構體,以傾斜錯置的方式空出三角縫隙以
確保採光及通風,也使得X形建築的存在感看起來更合理。而這塊建
地在屋主家的南面,在西面可以看到一座枝葉扶蘇的公園景致非常宜
人。而東面則有屋主自己種植的梅樹林。建築師因此才把建築的長軸
以東西向橫放。而入口及底部打開呈中空,能讓兩旁的美景都能盡收
眼底。

嚴格來說「參差宅」並不算是住宅計劃,但屋主其實有打算要擴
大這棟建築延伸打造成一間舒適的小旅館。因此當初建築師選擇這樣
一個以重複單位組構的方式,似乎是有先見之明的,只要再加入框架
建築就能再擴展,一個簡單的概念卻讓結構本身存在發展成住宅的潛
力,「參差宅」的確是讓人津津樂道的好設計。

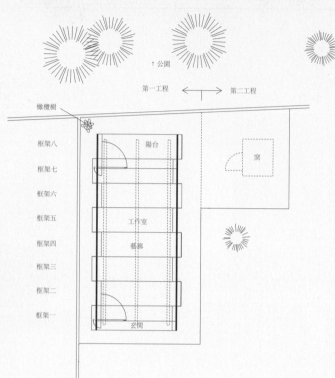

公園

第一工程 ←→ 第二工程

橄欖樹

框架八
框架七
框架六
框架五
框架四
框架三
框架二
框架一

陽台

窯

工作室

藝廊

玄関

其實看似是中空的建築,前後不但
有落地玻璃牆,也設置了出入的大
門,室內悶熱時還可以將兩扇門打
開達到通風的效果。

MOUNT FUJI ARCHITECTS STUDIO

原田真宏 Masahiro Harada

1973 出生於日本靜岡
1997 畢業於芝浦工業大學建築系碩士
1997 就職於限研吾建築事務所(至00年)
2001 受日本文化廳派遣至巴塞羅納,於Jose Antonio Martinez Lapena和
Elias Torres的建築事務所擔任海外派遣研修員(至02年)
2003 任職於磯崎新工作室
2004 與原田麻魚共同設立MOUNT FUJI ARCHITECTS STUDIO
2005 任慶應義塾大學特別講師
2007 任芝浦工業大學客席講師
2008 任芝浦工業大學建築系準教授

原田麻魚 Mao Harada

1976 出生於日本神奈川
1999 畢業於芝浦工業大學建築系學士
2000 任職於日本東京建築與都市規劃工作室(至03年)
2004 與原田真宏共同設立MOUNT FUJI ARCHITECTS STUDIO
www14.plala.or.jp/mfas/fuji.htm

Q A

Q 過去50年來，日本住宅設計有什麼變化？

A 我覺得是越來越自由了。技術的發達、傳統的住家型態漸漸衰退、經濟及消費的發展都構成了自由的條件。但我也覺得建築有越來越短命的傾向。

Q 科技的日益發展，是否對住宅設計有所衝擊？

A 當然！但新技術不見得就是好技術，若能延續使用過去的優良技術，那麼技術的自由度就能往上提升。此外構造解析技術的發達，也讓「因為無法分析所以做不出來」變成「分析得出來的就能做」。如此將建築的可能性擴展到最大，也因而能打造出更具有本質性的作品。

Q 人們對激進設計的接受度是否已經更開放？

A 要是說激進＝非習慣性的設計的話，那就是YES。不過，不管是激進或創新，為了要接受這樣的事實，就必須要配合某種合理性才行。光從「習慣性」的價值觀點看，新的合理性被當做是激進的或是一種假設、推測是常有的事情。

Q 環保是否成為了住宅設計的一環？

A 我很想說「有付出」。但是，相關的媒體報導所炒熱的建築師作品好像沒有太大的影響。因為紙面上的文字無法表現出實際溫度及通風。而關於環境問題，我認為最重要的事是去實現沒有被消費的設計。我自我要求的是如同新標準（new standard）般的設計。

Q 傢俱是否比過去變得更重要？

A 建築已如消費材一樣走向短命化，現代人就像游牧民族過著頻繁搬家的生活，多很難將建築當成是一個渴望的「居住場所」。而能夠一直使用的或許已經不是建築而是傢俱了。陪伴自己一輩子的不是建築而是跟著自己不斷搬遷的傢俱，意味著傢俱的重要性愈來愈高，而遺憾的是建築的情況則相反。

Q 好的住宅設計關鍵是什麼？

A 「超越時間」的這件事，不知道是否能做得到。住宅並不是一時的消費材，應該要多花些時間成為令人們喜愛的對象。也就是說，並不是「只要是新的就是好的」，發現「新的優點」才是重要的。

Q 你認為未來的住宅設計會有什麼樣的發展？

A 不僅僅是侷限在住宅。我們是朝著「做出少量的、具有價值的、值得保存的建築」的方向走。我們只要一想到現在已經造成的環境問題以及低成長循環型社會的時代來臨時，一定會宏觀地去面對這一事實。而就算是企劃縮減，對建築師而言也不見得一定是不好的事情。反而能夠給建築師一個穩當地走向優良建築的機會，那做不到的人就會被淘汰。我覺得這是值得迎接的一件事。

Q 2011年的東日本大地震是否改變了你的設計手法？為什麼（不）？

A 我從以前起就很重視構造及工法，因為本來就特別重視建築的自然科學面，因此並無太大的轉換。關於能源問題，我也覺得人們的意識有越來越提高的趨勢。而被動式的低能源化技術像是自然換氣及遮陽已成為設計的點子來源了。

Q 日本的年輕的建築師似乎有越來越多的跡象。你認為其原因是什麼？

A 若以正面角度來看，電腦已固定成為設計的一種工具。但老一輩的建築師仍很難將電腦當成是延展自己身手的利器來使用，反而成為一種阻礙，這一點算是年輕一代的較占優勢。若從負面角度來看，從前「建築本身」是一種表現的對象，不論是在規模或是素材上的美學經驗累積很重要，因此要有經年累月的修行。而現今的建築師若想要有名氣只要在雜誌上刊登自己設計的建築就可以了。這些就是以利用媒體過剩及資訊的發達崛起的方式。或許，也可說建築所表現的對象已經移轉到「雜誌中的建築」了。以往所認定的規模及素材，以及經驗所累積的品味就變得不是那麼重要了。建築變成了能成為拍攝照片用的「背景道具」。我認為對應於現實的環境這是相當大的問題。

Q 你應該是屬於年輕建築師的一群。相對來說，年齡是否影響你的工作量呢？

A 有經驗啊！因為建築是一種宿命性的「銷售尚未成形的東西」，對於客戶而言當然會想要有所保證。如果有實際的作品就會成為保證建築師能力的保證書。但並非「多就是好」。即便是只有少量的「優良實績」，「有」才是最重要的。

Y-House
鐵皮宅

所在地 日本琦玉
建築師 IDEA Office

「城市獨棟住宅的形式、組織及其他各類型的建築都因為城市
密度的不斷增加而在效率面上走向極端。」建築師Russell N.
Thomsen說道，「像東京這樣的城市，土地不斷升值，因此公車
路線行經的區域及市郊空地的價值都很高，『最低生存』模式也
因此誕生，而相較之下，一度讓西方世界遜色許多。」

對建築師Eric A. Kahn及Russell N. Thomsen而言，最嘆為觀止的莫過是「東京蝸居」。不但在極小的空間中置入各種功能，而在一般的戶外空間也都極盡所能地捕捉到陽光、空氣及景觀等面向。因此，最好的或創意十足的解決方案通常都來自於極端的限制所驅使。

1　2

在鋼鐵的隙縫中發光及發熱的家

「我太太的哥哥一家是屋主。」建築師Russell說。「她們小時候就住在同樣一個地點，但原有的房子早在多年前就被拆毀。一直到她的哥哥結了婚，有了孩子後，才決定在那裡興建新家。當時我正在京都精華大學任教並居住了約半年時間。那時我經常會去東京，跟屋主有過多次的討論。回到洛杉磯後，我便和搭檔開始設計出幾個不同的版本。之後又有數次回到東京與屋主討論設計後才定案。」

最終的設計是一棟像是鐵皮屋的3層樓住宅，主要架構可分成3部分：車庫、庭院及辦公區在一樓，而主要生活空間在二樓，在三樓則是孩子的臥室。

就像是其他高密度的住宅區一樣，這一塊建地其中的三面緊鄰兩層樓高的房子，而且窗戶及陽臺的位置都不一致，要求全面的隱私性是完全不可能的。另外在南邊是一條街道，在採光上雖然比較容易但仍會犧牲隱私。這些矛盾性空間讓建築師印象深刻。Russell回憶說：「門面就在南面的街道邊，一定會面臨噪音的問題，而該如何在這樣的狀況下取得雙贏呢？」在這樣的狀況下，建築師決定將家居空間設置在住宅的後方，而前半部的空間就變成露臺及庭院。這樣就可獲得極佳的自然採光也擴展了庭院和生活空間面積。

除此之外，屋主希望在住宅立面上裝設大帷幕牆，使住宅有一種漂浮在地面之上的感覺。這樣一來在結構上就需要大型、兩層樓高的外殼。然而這塊建地原本是一塊農地（稻田），因此並不適合支撐一般的地基建設。於是，建築師在裝設外殼結構前得將數支混凝土製的樁支先打入土地內。

1 住宅的入口及車庫

2 一進入首先看到是庭院

3 一樓空間採用跳層的設計，讓空間擁有挑高的錯覺

而剛好屋主本身就是一家鋼鐵工廠的主人，因此大帷幕牆上最重要的懸臂式框架及構件就是委託屋主的鋼鐵廠打造。在製作過程中，屋主的員工不斷地抱怨說這些構件的製作相當困難，特別是在精準度的要求上。然而這些構件卻是影響成敗的關鍵因素。但是當住宅終於完工後，員工們竟然在週末時帶著家人及朋友特地來訪，同時還順便炫耀說：「這可是自己的傑作呢！」

這一大片的帷幕牆確實是「鐵皮宅」設計上的亮點。雖然住宅感覺整個都被帷幕牆遮蔽住，卻也造就了被動式太陽能控制的可能性。它是一面隔熱牆為庭園及相鄰的臥室遮蔽，裝置上鋼製的百葉窗後則為南面的空間提供冷卻作用。另外，屋頂上還裝置天窗在炎熱的夏季可自然通風，在冬天也能帶進陽光被動式地溫暖室內空間。

所有室內空間都面向露臺及庭院，避免屋主與鄰居間的正面接觸。其它可後續延展的功能還有絕緣的金屬板、白色反光屋頂以及瞬間熱水器等。

建築師最後說：「我們希望這棟房子能證明：其實要解決隱私問題還是有很多創意的方式可使用。我們在日本各地（還有其他地方）所見到的預製屋都對這些能造就住宅獨特性的限制無動於衷。就像在這項計劃中，城市住宅的密度不一定會產生不人道的最低生存條件，相反地，它還是有可能營造生活樂趣，創造充滿光線、空氣及戶外的空間。」

1 支撐帷幕牆的懸臂式框架

2 可兼顧隔熱及遮蔭的螢幕牆

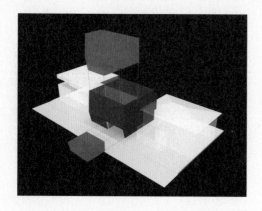

住宅的概念

住宅的前半部像是被鑿成兩塊的空間。上層是庭院與陽臺,而下層是停車場,立面則以鐵皮完工。

1. 辦公室雖然設置在一樓,但建築師則巧妙地置放了大型的櫥櫃,將噪音隔絕,也在偌大的空間裡規劃出辦公區

2. 屋主的臥室位於一樓出,藉由落地玻璃推拉門,便能親近到自家的庭院

3. 二樓的LDK寬敞的空間與陽臺連接,讓家庭成員擁有頗大的空間進行各種活動

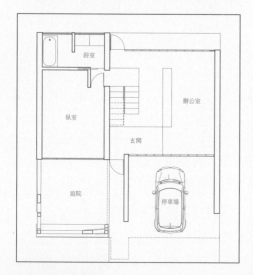

住宅的一樓

主臥室在一樓與浴室皆以跳層(夾層)設計營造了空間挑高的錯覺。由於住宅的立面皆以鐵皮圍合不怕沒有私密性,因此主臥室面對庭院的牆面以大片落地玻璃圍合。一樓空間中另規劃了屋主的工作區,並藉開放式LDK空間(僅以欄桿圍合)讓空間也呈現出開放感。另外,建築師特地在樓梯邊設置一整排櫃子以阻絕孩子們玩鬧時的噪音。而兩旁的牆面以磨砂玻璃圍合,散發出自然而柔和的光線。

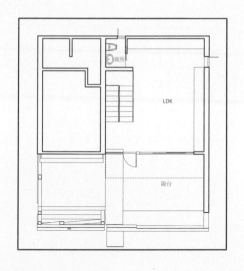

住宅的二樓

二樓設置了寬敞的、開放式的LDK空間與露臺連接，為家人間的互動及活動提供足夠的空間。它也特意被設置在住宅的後半部，除了保有私密性外也不會受到來自街道的噪音影響。

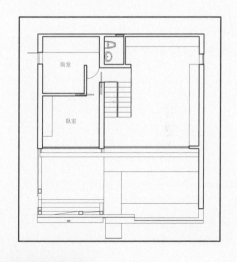

住宅的三樓

三樓是孩子們的臥室且位置同樣遠離街道。孩子們需要經過LDK才能進入三樓這樣的動線設計有助於增加親子間的互動。另外，孩子的房間內還設置了充足的收納空間，尤其是後方的臥室因為封閉式牆面的設計，因此特別適合設置一整面壁櫃，而從旁邊的窗戶仍可獲得自然採光。

IDEA Office

2009年由建築師 Eric A. Kahn和Russell N. Thomsen在美國洛杉磯創辦的建築事務所（前身為COA, 1986-2009），所承接的設計工作有平面設計、裝置設計、工業設計以及建築和城市的規劃，「鐵皮宅」則是他們在日本設計的第一所住宅。
www.ideaoffice.net

Q A

Q 過去50年來，日本住宅設計有什麼變化？

A 若對應在建築學上有很大的改變。我們已經脫離了上個世紀的現代主義，進入了一個由設計技術（電腦）建造革命性建築的時空內。另一方面，單位住宅及獨立住宅所訴求的生活品質仍保持不變。因此，我們所面臨的問題是房子需要建在越來越小塊的土地上，住宅密度的限制則驅使我們尋求更高效能，讓生活的空間感不會因而被犧牲。雖然，此案例並不是一棟非常小的房子（相較於一些在東京市中心的），它卻代表建築師面對的挑戰去證明人們在一個較小、更密集的空間中一樣可以享受到建築感、空間感及生活的樂趣。

Q 科技的日益發展，是否對住宅設計有所衝擊？

A 技術為住宅的興建帶來兩種影響。首先是建築師所使用的設計工具。數位化的工具讓建築設計在探索形式和分析方面有更多張力的表現法。就這一個項目的設計，我們除了純手工製作比例模型也使用了電腦。結構工程師則使用電腦模擬建築動態模型來分析各種鋼架結構及構件的性能，根據不同的展現準則來定制它們的大小。而第二種方法是實際建造建築物時所採用的技術：絕緣金屬立面、複合建材、瞬時熱水器、可編程服務系統，其所有的功能都為了優化能源消費，讓屋主根據實際的需要與房子互動。

Q 人們對激進設計的接受度是否已經更開放？

A 我覺得人們對新事物（房子），以及它能提供什麼來改善生活方式而感到有興趣。當關於建築的討論只限於建築物的外觀及形象上時，它就變得不再那麼有趣，淪為一種「有趣」和「懷舊」間較量的結論。相反地，我認為新的建築之所以出現是建築師自身對於推進這項工業的興趣（譬如說建築形式、技術、生活方式的推測），還有他們如何與客戶、建地、和特殊情況交鋒而定。建築師的內在和外部世界之間的相互接觸將會產生生新的（概念），我相信人們對於新的（概念）產生的成品有興趣。它代表著一種文化的演進，我相信這也是人性的基本推動力。

Q 環保是否成為了住宅設計的一環？

A 生態學在人類生命的許多方面裡，有著道義上的當務之急。作為建築師，我們不僅將之看作為一項必須解決的問題，而且它還是一種靈感源泉，湧出各種思考和想法：如該怎樣創造建築和城市、該怎麼讓它們成為更大的互動系統的一部分。（就像Buckminster Fuller形容地那樣）。永續發展目前為止乃至嬰兒階段。建築師需要自動探討生態學問題，藉由生態環境來進入更深入、更全面的方式，以重新思考我們居住在這個星球的方式。而與其說這是一種責任，倒不如說是一種必然性。

Q 傢俱是否比過去變得更重要？

A 當然得視情況而定。在這間房子裡，屋主希望能有更開放的空間，而傢俱則是為了在空間裡進行的活動作定義之用。這裡並沒有指定的客廳或飯廳空間，相反地，這些活動是由傢俱或設備的所在來為空間作定義。

Q 好的住宅設計關鍵是什麼？

A 好的住宅設計關鍵是建築師和客戶之間的交集。前者需要對他們的設計有一個明確的意識，而後者則需要知道他們想要的生活方式，即便他們無法確實那最終的形態是如何。建築師應該是能夠接受建地或特殊的「問題」，並將之視作為一種設計創意上的推動力。好讓設計能化險為夷。因為有這樣的特殊「問題」，房子才會變得獨一無二。屋主在找建築師的時候，應該要喜歡他們的作品以及可以信任的人，然後也該相信建築師並利用他們的專長來打造房子。

Q 你認為未來的住宅設計會有什麼樣的發展？

A 當世界的城市人口變得越來越多，我相信若以密集城市的住宅為題，不論是對於建築本身或是對居住者，都將會是一個重大挑戰。因為資源的缺乏而對相互依存及創新的元素將有更大的需求。我相信，城市將會以創新建築來作出反應。

Q 2011年的東日本大地震是否改變了你的設計手法？為什麼（不）？

A 日本的建築標準是相當嚴格和保守的，而這棟房子在最近發生的地震後是相安無事。雖然我們想預測自然災害的到來，並且以設計來抗衡其影響，但是最近發生的地震和海嘯則讓我們看見，災害的規模有時候還是會超越我們所能想像的預防措施。然而，很顯然作為建築師的我們可以建立更好、促進安全與質量的建築，作為一種抵制豆腐渣工程的手段。

Q 日本的年輕的建築師似乎有越來越多的跡象。你認為其原因是什麼？

A 作為洛杉磯SCI-ARC（這是世界最先進的建築學校之一）的教授，我碰到過很多年紀輕輕就出去和改變東西的建築師。我相信建築業迫切需要年輕人，需要那一股不眠不休地去探索新事物的衝動。他們效率地使用大量的工具，以探索設計的能力是一個相對來說較新的現象（其他專業也不例外），而且這些年輕一族還能將這些工具都掌控自如。許多年輕建築師慢慢地發現到建築業可以囊括世界不同部分，也可以培養思維及創造力。我對此感到非常鼓舞。

Q 相對來說，你應該是屬於年輕建築師的一群。相對來說，年齡是否影響你的工作量呢？

A 我覺得這個問題已經逐漸變得不存在，因為有越來越多的客戶和機構都願意與年輕建築師合作。這部分原因可能是因為建築事務所的性質有所改變。年輕建築師可以與各種顧問結盟，形成個別的專業團隊來工作。此外，建築師也因為能定期飛往世界各地，讓工作不僅限制於當地的建築項目。建築事務所已經開始全球化，而以前的所有地域性限制都已經不存在了。

靜岡縣・燒津市

Zigzag house
蜿蜒宅

所在地 日本靜岡縣 燒津市
建築師 mA-style Architects

這一塊建地位於1980年代的住宅開發區內，四周都是非常整齊一致的住宅形式。每一間住宅的大小都很平均，保存完好的街道以直角交叉排列著，整體來看處處顯示出完美的格局。

「蜻蜓宅」在建築師的眼中展現出適合世界上所有人的生活方式。

2

1 以「之」形牆面做為建築的原型

2 大型的推拉式玻璃門打開後，讓面對著庭院的起居室直接享受到戶外的景色

實現「有機」概念的自然空間

燒津市位於東京和名古屋之間，沿著駿河灣從北到南的海岸線長15.5公里。市內還可以眺望美麗的富士山以及高草山（海拔501公尺），整座城市可說是被自然美景所包圍著。

「我們（對於這裡）的第一印象，就是『非常熟悉的日本』，而這樣的一致性也成為這塊區域的個性。我們覺得新的建設計劃，應當在比例上與原本存在當地房子成正比。」建築師之一川本敦史說。因此，他們得出的結論是新房子的概念要與有機的生活方式產生連結。

為了達到這個目的，建築師首先規劃了「之」形牆面作為建築原型，再以一條中央垂直走廊為主軸，營造出不同寬度及距離間隔的空間感。而在建築外牆相對的平行移動之際，再創造出與垂直走廊相連的空間。

因此當屋主從入口進入，行走其中便會發現左右兩側的每一塊空間都會有3面實牆而另一面是開放的設計。光滑的混凝土外牆偶爾會穿過部分室內牆面，以強調不斷彎曲變化的核心牆體。如此的佈局將有效連接室內與戶外，從而獲得充足的光線及通風性，屋主能觀賞到戶外的自然景物。

「我們也非常重視所謂的門窗開口（Aperture），其中一些是隱密的而另外一些則成為建築的亮點。這樣的設置成功地讓住宅的特色更為清晰及明顯。」他們說。「此外，我們也仔細的考量這些開口的規模。而所營造出的這些不同序列的空間，將創造一個能符合屋主生活方式的舒適環境。」

同時，建築師們也覺得生活的場所應該由固定的節奏所組成而非來自於抽象的概念。因此，當融入住宅空間內的戶外庭院成為屋主一家日常活動的一部分，這棟住宅就在這個擁擠的高密度住宅區中成為一個安靜祥和的景觀。

而多虧了建築師設計的有機建築風格，「蜿蜒宅」有別於一般的中庭風格，不會將外在環境隔絕於室內，住宅及住戶都成為了環境的一員，不但享受所有一切也與之共存。

1 往起居室的走廊，右邊是大面的玻璃幕牆

2 起居室的另一端，就是3排大型櫥櫃，之後便是廚房與用餐區

3 再沿著走下去，盡頭便是屋主的臥室了

4 入夜後，庭院在室內燈光的照耀中，散發另一種風味

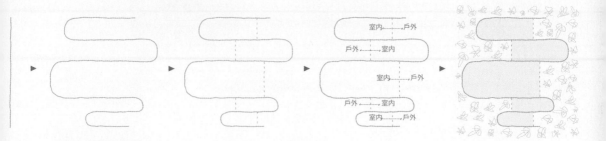

住宅的概念

（由左至右）
一面裸牆開始有新改變
一面裸牆遷移到新地點
一面裸牆開始構成空間
一面裸牆聯繫起室內外
一面裸牆終於成為新居

4

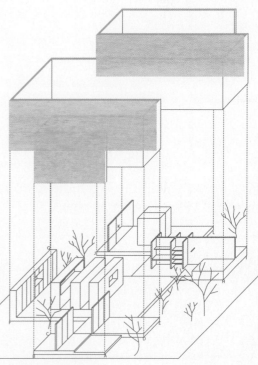

住宅的立體

臥室
廁所
露台
走廊
孩子房
孩子房
飯廳
廚房
起居室
露台
走廊
盥洗區
浴室
置物間
門廳
玄關

住宅的平面

寬敞的建地還能容納兩台車的停放呢

　一進入玄關就有大量的收納空間：從門廳旁邊的置鞋櫃，還有空間盡頭的置物間。由於這裡正好是比較是封閉式的空間用於收納最方便，加上一旁正好是採光極佳的玻璃牆走廊，也省下設置窗戶的麻煩。

　走道面對的第二空間，被用作為盥洗區。這裡設置了洗衣機、洗手臺、廁所以及浴室一應俱全。而且浴室位於空間突出的部分，用作採光和通風的窗戶則面向建築內部具備私密性，亦可以享受到小小庭院的綠意。

　住宅裡最大的空間自然就作為LDK。值得一提的是，建築師在飯廳空間設置了兩扇大型的窗戶，一面向著停車場和街道，另一面則向著庭院。但為什麼不是作為起居室呢？原因是起居室能直接面向中庭，裝上落地玻璃牆及露臺後，待天氣涼爽時，屋主能直接享受到戶外環境。除此之外，建築師還設置了3個大型櫥櫃在廚房內，還可作為工作空間使用，方便屋主收納食譜。

　孩子房與主臥室都位於建築的後方。除了遠離街道的喧嘩外，在動線上也設計讓孩子們回到家後會經過起居室與父母打過招呼後才進入房間。孩子房裡雖設置了書桌但是空間不大（自然採光仍很充足），因此孩子們需要活動空間時便會往LDK區域跑。屋主在工作區上網時，也能與在廚房的家人聊天及分享資訊。

mA-style Architects

川本敦史 Atsushi Kawamoto I

1977 出生於日本靜岡
2004 設立mA-style Architects
2006 mA-style Architects改組

川本Mayumi Mayumi Kawamoto

1975 出生於靜岡縣
2004 設立mA-style Architects
2006 mA-style Architects改組
www.ma-style.jp

Q A

Q 過去50年來，日本住宅設計有什麼變化？

A 單一小家庭開始成為趨勢。因此，每個人都需要可以互相溝通的空間。

Q 科技的日益發展，是否對住宅設計有所衝擊？

A 科技不僅使我們的生活更加便利，且給予我們更多的可能性。特別是打造一些我們以前都認為不能做到的全新空間。

Q 人們對激進設計的接受度是否已經更開放？

A 我覺得現代建築變得越來越自由而不是激進。而我們的社會比以往更能接受個性化與自由的表現性。

Q 環保是否成為了住宅設計的一環？

A 是的。

Q 傢俱是否比過去變得更重要？

A 傢俱的重要性取決於空間的定義。有些建築需要傢俱設計來完整。而有些建築則不需要任何的傢俱。

Q 好的住宅設計關鍵是什麼？

A 彼此的溝通。我們需要瞭解屋主的想法及敏感性。否則僅僅只是為他們打造房子是很難的。

Q 你認為未來的住宅設計會有什麼樣的發展？

A 在規劃上會更加感性。

Q 2011年的東日本大地震是否改變了你的設計手法？為什麼（不）？

A 上百萬間房屋在地震的瞬間內倒塌，我頓時看到了建築的虛榮心。但是我也感受到生命的重要性。建築應該能作為一種基地，讓人類的生命保持永遠健康。

Q 日本的年輕的建築師似乎有越來越多的跡象。你認為其原因是什麼？

A 因為（業界）需要他們的靈活性和想法。

Q 你應該是屬於年輕建築師的一群。相對來說，年齡是否影響你的工作量呢？

A 對應於可用性及經驗方面其實年齡並沒有絕對的關聯。

東京・中野區

63.02°
側身宅

所在地 日本東京 中野區
建築師 Schemata Architecture Office

一塊面積48.84平方公尺的建地並不大,建築師長坂常只使用了建地的一半就「憑空」建造出71.40平方公尺的空間。結合了Soho工作空間及住宅機能的「側身宅」就位在東京市稠密的中野區中是現代日式小住宅的最佳代表。

「這個計畫本來就是工作
機能的空間為主而不是單
純的住宅而已。」建築師
長坂常解釋說，「我首
先，為已經成年的孩子們
將一樓空間設計成居住單
位。而二、三樓雖是辦公
空間的設計卻也加入了生
活機能的設置。」

1 建築的立面與道路之間呈現63.02度的傾斜

2 兩個入口的設計

為了襯托櫻花的美而永恆的家

「原本屋主是居住在千葉縣,在那裡也把住宅當辦公室使用,而同時也需要在東京開設營業分所才希望利用自有土地來完成這個計畫。」而建築師長坂常則是想藉著這棟住宅呈現出各種樣貌的生活型態。

為了要將建地填滿,長坂常一開始先設計了一個方形清水模結構。然而考量到住宅前的街道非常狹窄,一開始的概念則會讓建築失去寬敞度及深度,因此長坂常決定「忍痛」將原有的結構進行切割,結果建築的立面與道路之間呈現一個63.02度的傾斜(故其名)。

所幸隔壁的房子與道路間有著一塊空間,長坂常認為即使是在平均只有24.58平方公尺的面積上建造房子,並將所有其他面向旁邊建築的立面都密封起來,住宅也不會讓人有太拘謹的感覺。

而這樣一個傾斜的概念則來自於長坂常入微的觀察。在玻璃立面外是隔壁住宅庭院裡的一棵櫻花樹，當春天盛開時即使不離開家門，也能欣賞窗外的美妙景色。而其他時節在這裡也能夠看到更遠的城市天際線。因此在二、三樓的立面上裝設的大型玻帷幕牆讓「側身宅」多了正宗的日式風格。

最有趣的是「側身宅」最窄的空間僅有7英尺寬。而且面向街道的牆面並未成為主要的立面，也沒有作為入口的位置。這是因為一樓及二、三樓的空間分屬於不同的住戶單位，因此長坂常設計了兩個相對的出入口，除了儘量遠離街道的視線外，也讓屋主的家居及工作動線可以分開。

為了將內部空間最大化，長坂常竭力保存了清水模裸牆，而其它飾面材料的數量也減至最低。然而住宅內並未因此顯得清冷及毫無細節。其實長坂常本身也是一位工業設計師，他竭盡所能地設計一些聰明收納又節省空間的「小道具」，像是排列在牆上的小型鋼架，每一個皆足以置放一瓶染髮劑（因為這裡同時為一家髮廊）。另外還有一張可折疊的木桌，平常不使用時便能可收起掛在牆上，看起來就像是一幅抽象藝術品。

就如同東京市的其他地區一樣，長坂常認為現有的舊建築遲早都會被拆掉重建。但他卻這樣說：「即使他們真的這樣做了，這一棵充滿歷史象徵的櫻花樹卻會永遠存在。而63.02度也會為它保留雄偉壯觀、花枝招展的景致。」

1 三樓在屋主的工作區旁是一整面玻璃窗

2 建築師設計的收納道具在牆上就像是藝術品

1

2

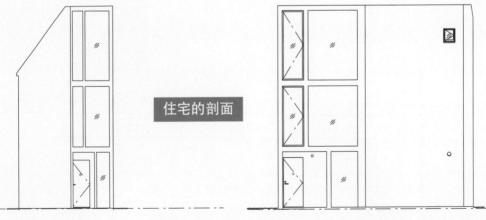

住宅的剖面

公寓
21.32m2

住宅的一樓

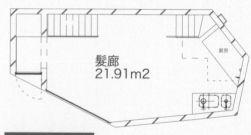

髮廊
21.91m2

住宅的二樓

收納

辦公室
15.61m2

盥洗間

住宅的三樓

作為公寓的一樓空間，最重要的功能還是盥洗的空間（廚房／飲食的
部分還是稍微其次），因此利用了樓梯下的死角，建築師將盥洗間以
玻璃牆圍合，讓小公寓也可以呈現通透的空間感。而玄關對角的牆面
則被作為淋浴空間以增加私密性。

　　考慮到一樓的採光性，除了在此裝設一扇斜對著街道的大型落地玻
璃外，長坂常也在公寓後方安裝可開合的大型窗戶，夏季來臨時打開
玄關的門或後方的窗戶就能保持通風了。

　　二樓是作為髮廊的營業空間，最需要的莫過於盥洗區及一個提供冷
熱飲料的小型廚房。長坂常再次利用樓梯下的死角做為廚房流理台。
有效利用空間的結果，就不會影響到髮廊內所需要的開敞的營業空
間。另外，落地玻璃窗一旁的長形窗戶是能往外打開作為通風之用。

　　作為辦公室的空間是3層樓中最小的。原因是在此還設置了盥洗
間／廁所以及大量的收納空間。而廁所則設置在樓梯附近，因此方便
髮廊的顧客使用也不會干擾到在另一塊區域工作的屋主。

　　值得一提的是，內置式的辦公桌巧妙地安裝在一入「門」便能看到
的地方。而斜角的落地窗雖然面向著西方，卻巧妙地避開辦公座位的
視線，讓西照的太陽光線不會太強烈而影響到工作心情。

■1 二樓髮廊的小型盥洗空間和用餐區

■2 一樓公寓內的浴室

長坂常 Jo Nagasaka
1971 出生於日本大阪
1998 畢業於東京藝術大學建築係
1998 設立Schemata Architecture Office Ltd.
2007 將辦公室遷移到東京的目黑區
2007 設立合作項目「happa」
www.sschemata.com

Q|A

Q 過去50年來，日本住宅設計有什麼變化？

A 我想應該是從大量供給的年代起開始轉變為多樣化的生活型態。然後到今天，因為少子化、高齡化而產生相當多的問題。

Q 科技的日益發展，是否對住宅設計有所衝擊？

A 我想是有的。

Q 人們對激進設計的接受度是否已經更開放？

A 並沒這樣的事情。或許看起來比較偏激，但原本外在的條件就比較激進，因此而生的設計就讓外國人看起來過於偏激了。

Q 環保是否成為了住宅設計的一環？

A 從這幾年起，像這樣的意識逐漸增高。

Q 傢俱是否比過去變得更重要？

A 基本上我是把傢俱的設計與建築區隔開的，又或是找我的客戶對這部分理解也是對等的居多，才會讓我有這樣的想法，但他人的想法我就不清楚了。

Q 好的住宅設計關鍵是什麼？

A 我覺得最近在強調能感受到自由感的居住空間較受歡迎。

Q 你認為未來的住宅設計會有什麼樣的發展？

A 我覺得在少子化、高齡化的影響下，其變化更為顯著。另外，無論是都市還是家中都一樣，空的空間都在增加，因此也不得不將這個的處理方式列入考量。

Q 2011年的東日本大地震是否改變了你的設計手法？為什麼（不）？

A 對個人來說或許沒有什麼變化，但對於要成為等質提升都市為目標的東京來說，其方法已有所改變。

Q 日本的年輕的建築師似乎有越來越多的跡象。你認為其原因是什麼？

A 真的嗎？倘若這是真的，對於建築及設計有興趣的一般民眾應該會增加吧。

28

11boxes
鐵盒宅

所在地 日本埼玉縣 川口市
建築師 蘆沢啓治建築設計事務所

「在我剛自立門戶時，一對在聚會中認識的夫妻聯繫我，希望我
為他們蓋一間夫妻倆住的房子，同時也做為歌頌夫妻倆興趣的家
園。但是他們要求能以低成本做為興建的條件。」建築師蘆沢啓
治回憶說。而為了達到這樣的條件，就得嘗試以邏輯思維來考慮
了。

建築師蘆沢啓治說：「一個理想的形式往往得自然地達到『最大限度的提高』屋主的要求、材料及機能的潛力而達成。」

跟屋主一起造夢的房子

「除了建築及室內設計外，我也曾在生產業待了幾年的時間。而我因此意識到，作設計最重要的是要不斷的進行修改，也包括使用不同的材料進行實驗。」而「鐵盒宅」的成型在於為了最大化的利用場地及空間，蘆沢啓治選擇了一個簡單的施工方式。他先以角鋼組合成了11個鐵框盒子進行重疊，作為住宅的主要結構。而外牆板就不需要任何額外支撐便能附著在框架上。

在設計初期，當他對構造設計事務所提出這樣的概念時，就已經令大家感到非常興奮。「要使鐵框盒子堆疊起來作為住宅的結構，表面上看似乎很簡單，其實決不是那麼容易的一件事，但我總覺得這樣的施工方式讓每個人都感到很期待，紛紛想參與這項工作。」

1　稠密的城市中，這棟住宅其實是為了歌頌夫妻倆興趣而建的家園

2　11個鐵框盒子進行重疊的工程，是建築師印象最深刻的場景

*中心跨距（central span）意即建築中每一跨的軸線間距。一跨的概念是結構體系的單元劃分，一般會在一跨的兩邊佈置相對應的柱子、樑及承重牆。

這些鐵框盒子都得從製造廠用卡車運到施工現場，因此每個尺寸都需要被仔細的考量。蘆沢啓治記得現場看這些鐵框盒被起重機吊起，就像是一個個的玩具一樣飛舞在半空中，而一個接一個堆疊上去的景象令他久久難以忘懷。

當所有鐵框盒子被放置好以後就要以高張力螺栓固定。這部分需要非常嚴格的要求精準度。像是樓梯跨度得保持在1.75公尺，衛浴區是2.2公尺，臥室及起居空間則是2.55公尺。在建築的結構設計中的中心跨距*是為了確保結構的強度，在此目的下蘆沢啓治也另外設置上、下樓梯加強抗震性，也為住宅營造更理想的居家動線。

最後在這一塊面積只有50.58平方公尺（實際建築面積是33.10平方公尺）的建地上建造出四層樓高的「鐵盒宅」，而不同單位在有限的空間深度中被充分利用著，因此有著意想不到的寬敞的空間。一樓是車庫及辦公室，二樓是LDK空間，三樓則設置了客房，而盥洗空間及主臥室則設置在四樓，再往上走，連屋頂都還能被當成露臺使用。

　　當我們問及建築師蘆沢啓治，完成這項建築設計的期望是什麼？他說：「我在此所考慮的不僅是房子的設計而已。我更希望從一間平凡的住宅中創造可能性。而在滿足屋主需求的同時，自己也能與屋主擁有同樣的夢想。這本來不就是理所當然的事嗎？」

1 二樓廚房

2 3 因為有了跳層的設計，所以起居空間才感覺非常寬敞挑高。而且玻璃裡面有推拉式窗戶，可進行通風採光之用

4 二樓挑層中的客房內設置了沙發床

5 採用不同材質的玻璃作為建築立面，不會讓私密性全無

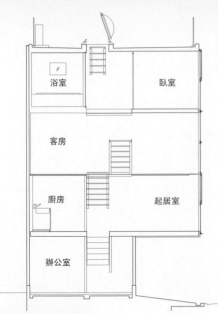

住宅的剖面

浴室	臥室
客房	
廚房	起居室
辦公室	

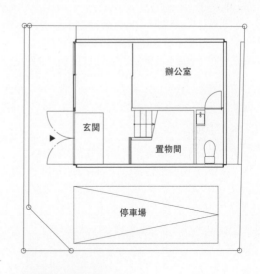

住宅的一樓

辦公室

玄関

置物間

停車場

另外，雖然一樓的大半空間被劃為停車場，但建築師蘆沢啓治仍在此
規劃出更多功能。像是多利用樓梯下的死角作收納空間，使得辦公室
的空間顯得寬敞。另還能設置廁所方便屋主工作時可使用。值得一提
的是，蘆沢啓治選擇將玄關安置在建築的左側而非正面，讓上下樓的
動線比較直接。

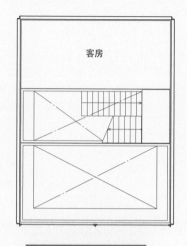

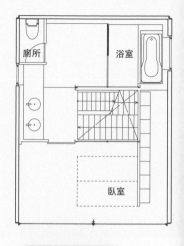

建築的二樓

建築的二樓跳層

建築的三樓

廚房

起居室

客房

廁所

浴室

臥室

　　二樓空間以樓梯為界被分做廚房及起居空間。其中在樓梯下方設置了一排櫥櫃，一來能將廚房空間與起居室區隔，二來也能將各種廚具收納起來，保持廚房的極簡風格。

　　嚴格來說，建築內所謂的三樓其實就是二樓的跳層設計。這樣一來，除了讓二樓的起居室有了挑高空間，也另有空間作為客房。在這裡設置一張沙發床就能成為第二空間。而平常也可作為休閒區或閱讀區。

　　所有的樓梯都在建築物的中央。因此在每層樓梯間的空間有大小不等的視覺呈現及利用需要多一點創意。蘆沢啓治不同於一般的想法是把樓梯當作盥洗區規劃。把洗手臺設置在樓梯口，讓此處成為一天的開始及結束的場所（早上及睡前的盥洗）。而盥洗區及臥室空間也以推拉門隔開。

　　而樓梯較窄的另一處空間則是收納空間。值得一提的是，一直延伸到建築前方的櫥櫃就像是大更衣室的空間，在適當的燈光下宛如置身精品店中。

1 三樓的臥室

2 視野開敞的頂樓露臺

蘆沢啓治 Keiji Ashizawa
1995 畢業於橫浜國立大學建築係
1996 任職於architecture WORKSHOP （至02年）
2002 任職於super robot （至04年）
2005 設立蘆沢啓治建築設計事務所
www.keijidesign.com

Q A

Q 過去50年來，日本住宅設計有什麼變化？

A 由於家庭型態的改變、小孩減少以及單身的人口變多，因此我們在設計上出現重大的變化。除此之外並沒有很大的改變。在50年前的傑出住宅作品到現在還是經典之作。

Q 科技的日益發展，是否對住宅設計有所衝擊？

A 我覺得在住宅上沒有到如此重大的影響。但我認為事實上空調技術使住宅更加地開放。

Q 人們對激進設計的接受度是否已經更開放？

A 我認為此一現象是不一定稱作激進。但價值觀的差距變得更大了。一般人的生活中，住宅對客戶而言是最大筆的購物之一，而我覺得想要享受住宅樂趣的客戶持續增加之中。

Q 環保是否成為了住宅設計的一環？

A 設計師及客戶兩者都是一樣的心情，都有一份想要溫和對待環境的心意。但到目前為止這並不是最關鍵的因素。

Q 傢俱是否比過去變得更重要？

A 我一開始設計傢俱時偶爾會發現其中的可能性，而從房屋的設計原點開始談關於傢俱的話題。雖然空間很有限，然而對傢俱的設計、選擇及配置方式的問題，都將同時被解決。像是傢俱可以移動，但空間卻不行。而對設計師來說，能夠同時掌握兩者的力道是很重要的。

Q 好的住宅設計關鍵是什麼？

A 客戶的熱情以及專案設計負責人的天賦是設計最關鍵的因素，兩者必須一起工作或一起進行專案設計。若僅是建築師強勢帶領專案設計，其成果也是有限的。

Q 你認為未來的住宅設計會有什麼樣的發展？

A 現在常常會聽到人家說，一個優秀的建築師得要在全世界各地都有客戶（住宅案也成）才行。唯有像是這一種等級的建築師，才能在網路發達的世界中通過考驗而發光發熱。

Q 2011年的東日本大地震是否改變了你的設計手法？為什麼（不）？

A 以我個人的情況應該不會有所改變。但我希望其他像我這樣以設計為職志的人，可以不畏懼之前所談到的危機感，繼續堅持下去。

Q 日本的年輕的建築師似乎有越來越多的跡象。你認為其原因是什麼？

A 我認為那是好的事情。但做建築必須經歷一定程度的體驗。當我們經歷了失敗就必須對自己所創造的設計及建築作深入的研究。這樣的體驗必須趁年輕。而後付出更多努力及時間去嘗試超越體驗。如果能做到這幾點，年輕的建築師可能會創造出傑出的建築。

Q 相對來說，你應該是屬於年輕建築師的一群。相對來說，年齡是否影響你的工作量呢？

A 與其說是工作量，倒不如說是經驗的質量對該建築師所創造的建築會帶來影響。要用什麼樣的形式來體驗好的建築呢？我認為可以的話，有關該建築、觀察、認真體驗等事項是相當重要的。當有了那樣的體驗後，才能做出重要的、正確的決定，才可能創造出第一個建築。

後記

影響日本現代建築5大事
造屋法規

對於日本現代住宅的發展方向，其實可以說一早來自於戰後所公佈的「三大住宅供給體制」。這一法規讓日本建築界起了極大的回響，使得當年的建築師們採取了多樣的實驗，其中也發展出最小限住宅 *¹（即如今人稱的蝸居）。在經過多年的修改，日本造屋法規依然大大地影響著住宅的外觀設計。其中的例子，像木造建築只允許有兩層樓的高度，清水模或鋼鐵製的則可有更多。但大多設計師都只選擇兩層樓的設計，而地廣的區域還可能只考慮單層的平屋完工。另外一再被建築師提起的是土地細分的現象。起源於二十世紀六〇年代日本經濟成長期，由於當時城市土地價格在以與一般物價不成比例地飛漲，結果城市化區域的土地往往都被細分化，好用於住宅建設。*² 但在泡沫經濟破滅後，為了促進土地的有效利用，當局卻於1997-98年間修改了法規，最終放寬了土地貿易限制，對土地交易時所需的事前申請改為事後申請，停止了對土地利用目的的審查，廢止價格審查等*³，讓細分化土地也隨屋主的經濟能力來組合成型，進而產生出獨特的住宅設計。

一家之主

雖然說日本擁有全世界最高的生活費，但是比起買地和造屋來說卻是小巫見大巫，甚至不誇張說，造屋比租屋還來得便宜！緣由歸咎於長期處於地震斷帶區域，日本房子的壽命平均也只有30年（2006，日本國土交通省）*⁴。加上木造房居多，報稅及交易時折舊率達6%，房子到年數17年時，房價便等於零，而拆除、運送廢料昂貴，也遠不如空地高。另外，雖然日本房租還是房價的兩百分之一，遠不如高房價泡沫時代的四百分之一，但利率達5%，理應不錯，只是現代需求反應人口減少，東京出租房屋的空屋率高達13%，而且還在上升中*⁵，所以有些人看上了好地段，雖然地基上還有老房子，他們亦不惜將之買下。因為土地價格的低廉足以讓買家視老房子為「贈品」。加上建材價格亦低，屋主更會在所不惜地將舊屋給拆掉重建，成就了名符其實的「一家之主」。

二世代表

在人口減少與高齡化的情況下，日本年輕伴侶一般在結婚後，都會與家長住在一起，人口一般達4人左右。同時間，基於私人空間的所需，這樣的家庭組合也會擅自進行「同屋不同房」的分配系統，進而延伸出所謂的「二世代住宅」現象——即在同一屋簷下，老少兩家人各自擁有自己的居家空間，從而影響到住宅格局的設計，而越來越普遍的是，在同一家園內，擁有兩座不同的住宅建築。另外，日本家庭格局上的變化，也受政府於2006年制定的「長期優良住宅普及促進法」所影響。在希望將住宅的平均年齡延長至200年的概念下，「二世代住宅」也以能夠往3、4個世代皆可居住目標作為前提下來設計。加上這項促進法也提供了的各種稅制優惠（最高有200萬日元的補助金，但限於2010年3月前建成的新住宅*⁶），自建住宅才會在這4年來如雨後春筍般冒起。

安全至上

東京，乃世界上最安全的城市之一。根據《Monocle》雜誌的世界最宜居城市排行榜，東京在近年來都是榜中十大（2010年排第四，2011年排第九）。不管居住在哪一個區域裡，都能看見新舊住宅齊聚一堂的綜合性，而且這裡還有24小時的便利店，轉角處就能看見學校，大量的綠化園區，還有東京的「招牌」特質——永無止息的動力。在擁有了這麼美好的生活環境之際，日本人依然能養成慢活與樂活的個性，即便是一個工作日的早晨中，依然能看大街後巷裡，品嚐咖啡和漫步閒逛的人們。開放式的居家概念更是成為最自然無間的設計。

初生之犢

在1980年代開始崛起的日本現代建築（與室內設計）師們，受媒體的追捧的程度，連廣告牌都以大型肖像著稱，彷彿像是大選時期，很是轟動。雖然在經濟泡沫破裂後有減退的跡象，但2004年則有另一波潮流的湧現。當時，因為來自地方或政府的公共計劃有所減少，所以建築師們都另尋出路——明星建築師如安藤忠雄等人都到國外去，而年輕建築師只好留守崗位，進行小型的住宅設計。與此同時，在建築師法規於2008年11月修改前[*7]，自行設立事務所也程式上比較容易，以致像在東京的建築事務所就占了日本的40%，超過2萬名設計／建築師工作與此。所以當時對於長時間都在工作的東京人而言，要找一所建築事務所來進行造屋計劃並非難事，同時還能採用建築事務所代表委託專業人士來完成自己的「夢幻之家」，並且處理所有亂七八糟的公文、稅務、建築工人和建材等程序，是非常划算的模式。

[*1] 《日本住宅之百年流變》，吳波著，《建築節能》雜誌，2006年06期

[*2] 《住宅設計作品集2：以環境分類》，日本建築學會編 （中國建築工業）

[*3] 《日本兩種土地政策的影響分析》，杜新波著，中國國土資源報，2004年11月17日。

[*4] 《好空間》，佐川旭著 （大家）

[*5] 《日本現在進行式》，劉黎兒著 （時報）

[*6] 《幸福宅的空間規劃術》，大平一枝著 （野人）

[*7] 《100位新世代建築家》，X-Knowledge HOME 特別編集No.12, 2009年2月10日。

作者注：根據修改，原本繼續深造於最基本的大學研究所，所需要的「一級建築師證照」標準已被撤除，而考取該證照的實習或進行所定的課程則只需要1年（一部分的專職大學則需要2年）。但是要獨立創業需必定考取「一級建築士證照」以及3年的工作經驗，此外還要取得管理建築師的講習以及考察之合格證明才可。新的規制中建築師也有義務負責記錄各種報告書，在有關工作經驗造假方面也做了周全的體制去應對（基於2005年「姊齒秀次弊案」所致）。

索引及圖片版權

Location Kyoto, Japan
Principal use Private residence
Site area 83.33 sqm
Built area 42.9 sqm
Total floor area 59.71 sqm
Completion 2009.10
Photo Takumi Ota / Hideyuki Nakayama
Architecture

16

Pentagonal House
Architect Kazuya Morita Architecture
Studio
Location Tsushima city, Aichi pref.
JAPAN
Program Private housing
Structure wood
Site area 692.63 sqm
Built area 87.73sqm
Photo Shinichi Watanabe

17

Static Quarry
Architects Takashi Fujino / Ikimono
Architects
Location Gunma, Japan
Structure Reinforced concrete
Principal use Apartment
Site area 624.56 sqm
Building area 329.92 sqm
Floor area 554.23 sqm
Completion 2011.04
Photo Takashi Fujino / Ikimono Architects

18

Reflection of Mineral
Architect Atelier Tekuto
Location Tokyo
Structure Reinforced concrete
Site area 44.62 sqm
Building area 31.11 sqm
Total floor area 86.22 sqm
Completion 2006
Photo Makoto Yoshida

19

Slide House
Location Tokyo, Japan
Structure Wood
Site area 109.82 sqm
Total floor area 63.69 sqm
Completion 2009
Photo Shinichi Tanaka / LEVEL Architects

20

Tokyo Apartment
Architect Sou Fujimoto Architects
Location Komone, Itabashiku, Tokyo
Principal use Collective housing
Structure Wood (partly reinforced
concrete)
Site Area 83.14 sqm
Building Area 58.19 sqm
Total Floor Area 180.70 sqm
Completion 2010.03
Photo Daici Ano

21

House of Ujina
Architect MAKER
Location Hiroshima, Japan
Project Year 2011
Project Area 75 sqm
Photo Noriyuki Yano

22

Vista
Architecture Satoshi Kurosaki / APOLLO
Architects & Associates
Location Nishidai Itabashi ward Tokyo
Principal Use Private Housing
Structure Wood
Site Area 54.86 sqm
Completion 2011.08
Photo Masao Nishikawa

23

Wrap House
Architect Bunzo Ogawa / FUTURE
STUDIO
Location Hiroshima, Japan
Principal Use Private House
Structure Wood
Site Area 108.75 sqm
Building Area 64.46 sqm
Total Floor Area 118.86 sqm
Completion 2009.11
Photo Toshiyuki Yano / Nacasa &
Partners

24

XXXX
Archietects Masahiro Harada + Mao /
Mount Fuji Architects Studio
Principal Use Atelier
Location Yaizu, Shizuoka, Japan
Site area 502.86 sqm
Building area 22.3 sqm
total floor area 16.7 sqm

Structural system wood panel
Completion 2003
Photo Mount Fuji Architects Studio

25

Y-House
Architect IDEA (Eric Kahn and Russell
Thomsen, principals) with Ron Golan
Location Saitama, Japan
Project Team Adrian Ariosa, Keith
Gendel, Rinaldo Perez
Associate architect in Japan Masao
Yahagi & Associates.
Completion 2008
Photo Kouichi Torimura & IDEA

26

Zigzag
Architect mA-style Architects
Location Shizuoka, Yaizu, Japan
Principal Use Single family house
Site Area 244.49 sqm
Building Area 113.90 sqm
Gross Floor Area 103.51 sqm
Completion July 2011
Photo mA-style Architects

27

63.02°
Architect Jo Nagasaka +Schemata
Architecture Office
Location Nogata Nakano Tokyo
Principal Use
SOHO(2/3F)+apartment(1F)
Structure RC Wall type structure
Site area 48.84 sqm
Building area 24.58 sqm
Total floor area 71.40 sqm
Completion December 2007
Photo Takumi Ota

28

11boxes
Location Saitama
Architect Keiji Ashizawa Design
Completion 2007
Photo Daici Ano